21世纪高等学校系列教材｜计算机科学与技术

C语言程序设计

彭慧卿　主编

刘　琦　李耀芳　高　晗
戴华林　戴春霞　洪　姣　编著

清华大学出版社
北京

内 容 简 介

本书是为将 C 语言作为入门语言的程序设计类课程编写的教材,以培养学生程序设计的基本能力为目标。全书共分 10 章:C 语言概述、基本数据类型及表达式、简单程序设计、分支结构程序设计、循环结构程序设计、函数、数组、指针、结构体和共用体、文件。

本书在内容编排上,注重教材的易用性。本书既适合程序设计的初学者,也适合想更深入了解 C 语言的读者。书中设计了很多思考题,并在每章的扩充内容中增加了一些有一定深度和开放性的内容,供希望深入学习程序设计的读者选学和参考,力求做到内容有宽度、有深度。

本书封面贴有清华大学出版社防伪标签,无标签者不得销售。
版权所有,侵权必究。举报: 010-62782989,beiqinquan@tup.tsinghua.edu.cn。

图书在版编目(CIP)数据

C 语言程序设计/彭慧卿主编. —北京:清华大学出版社,2022.2
21 世纪高等学校系列教材·计算机科学与技术
ISBN 978-7-302-59703-2

Ⅰ. ①C… Ⅱ. ①彭… Ⅲ. ①C 语言－程序设计－高等学校－教材 Ⅳ. ①TP312.8

中国版本图书馆 CIP 数据核字(2021)第 258474 号

责任编辑:贾　斌
封面设计:傅瑞学
责任校对:徐俊伟
责任印制:丛怀宇

出版发行:清华大学出版社
  网　　址:http://www.tup.com.cn,http://www.wqbook.com
  地　　址:北京清华大学学研大厦 A 座　　邮　　编:100084
  社 总 机:010-83470000　　邮　　购:010-83470235
  投稿与读者服务:010-62776969,c-service@tup.tsinghua.edu.cn
  质量反馈:010-62772015,zhiliang@tup.tsinghua.edu.cn
  课件下载:http://www.tup.com.cn,010-83470236
印 装 者:三河市天利华印刷装订有限公司
经　　销:全国新华书店
开　　本:185mm×260mm　　印　　张:16.5　　字　　数:415 千字
版　　次:2022 年 2 月第 1 版　　印　　次:2022 年 2 月第 1 次印刷
印　　数:1~2500
定　　价:49.00 元

产品编号:092878-01

前言

　　程序设计是高校重要的计算机学科基础课程,它以编程语言为平台,介绍程序设计的思想和方法。通过该课程的学习,学生不仅能掌握高级程序设计语言的知识,更重要的是在实践中逐步掌握程序设计的思想和方法,培养复杂问题求解能力。因此,这是一门以培养学生程序设计基本方法和技能为目标,以实践能力为重点的特色鲜明的课程。

　　C语言是一种结构化程序设计语言,它功能丰富、表达能力强、使用灵活、应用面广、可移植性好,具备高级语言的特性,又具有直接操纵计算机硬件的能力。目前,"C语言程序设计"课程被许多高校列为程序设计课程的首选语言。

　　本教材以应用为背景,面向编程实践和问题求解能力训练,从实际问题出发,从实际案例中逐步引出相关知识点,借助任务驱动的实例将相关知识点串联起来,形成"程序设计方法由自底向上到自顶向下"的知识主线,内容脉络化。案例内容紧密结合实践,举一反三,融会贯通,使读者在不知不觉中逐步加深对C语言程序设计方法的了解和掌握。

　　教材共分10章,第1章为C语言概述,主要内容包括程序设计的概念、C语言的发展、特点和C程序的基本结构、编译过程;第2章为基本数据类型及表达式,主要内容包括数据类型、数据类型转换、运算符与表达式;第3章为简单程序设计,主要内容包括算法概述、数据的输入与输出、顺序程序设计;第4章为分支结构程序设计,主要内容包括关系运算符和关系表达式、逻辑运算符与逻辑表达式、if语句和switch语句的使用;第5章为循环结构程序设计,主要内容包括for语句、while语句、do-while语句、循环的嵌套、continue和break语句及三种控制结构的综合应用;第6章为函数,主要内容包括结构化程序设计方法、函数定义、函数的调用、嵌套调用和递归调用、变量的作用域和存储类别、预处理命令、大程序的组成;第7章为数组,主要内容包括一维数组、二维数组、字符数组;第8章为指针,主要内容包括指针的含义、指针变量、指针与数组、指针与字符串、指针与函数、指向指针的指针;第9章为结构体和共用体,主要内容包括结构体的定义和使用、结构体数组、结构体指针、共用体、用typedef自定义数据类型;第10章为文件,主要内容包括文件概述、文件的打开与关闭、文件的读写、文件的定位。

　　在内容编排上,全书内容注重教材的易用性。本教材既适合于程序设计的初学者,也适合于想更深入了解C语言的人。书中设计了很多思考题,并在每章的扩充内容中增加了一些有一定深度和开放性的内容,供希望深入学习程序设计的读者选学和参考,力求做到内容有宽度、有深度。

　　教材中出现的微视频请读者扫描二维码,进入相应的"微视频课程"学习。

　　教材把提高编程能力、阅读程序的能力放在重要地位,在程序设计教学过程中避免陷入学习程序设计语言繁杂的语法和格式。教材程序采用统一的代码规范编写,并且在编码中注重程序的健壮性。全教材例题和习题的内容选取兼具趣味性和实用性,习题以巩固基本知识点和强化程序设计方法为目的,难度分梯度。本教材中的程序已在VC++ 2010编译环境下进行调试,在其他C语言环境下基本上都可以运行通过。

  本教材由彭慧卿担任主编,刘琦编写第1、5章,李耀芳编写第2、3章,高晗编写第4、10章,彭慧卿编写第6、9章,戴华林编写第7章,戴春霞编写第8章,洪姣编写附录A至附录C。全书由彭慧卿负责统稿,郝琨副教授审阅了全书并提出了宝贵意见。

  在本书的编写过程中,编者参考了大量有关C语言程序设计的书籍和资料,在此对这些参考文献的作者表示感谢。

  本书另有与之配套的《C语言程序学习指导》同时出版,请读者参考。

  由于编者水平有限,错误之处在所难免,恳请广大读者批评指正。

编 者

2021年10月

目 录

第 1 章　C 语言概述 ……………………………………………………………………… 1

 1.1　程序与程序设计语言 ……………………………………………………………… 1
  1.1.1　程序的基本概念 …………………………………………………………… 1
  1.1.2　程序设计语言 ……………………………………………………………… 2
 1.2　C 语言的历史背景 ………………………………………………………………… 4
 1.3　C 语言的特性 ……………………………………………………………………… 5
 1.4　C 语言程序的基本结构 …………………………………………………………… 5
  1.4.1　C 语言程序的结构特点 …………………………………………………… 5
  1.4.2　程序设计风格 ……………………………………………………………… 7
 1.5　C 语言程序编译过程及编程环境 ………………………………………………… 8
  1.5.1　C 语言程序编译过程 ……………………………………………………… 8
  1.5.2　C 语言编程环境介绍 ……………………………………………………… 10
 习题 ……………………………………………………………………………………… 12

第 2 章　基本数据类型及表达式 ………………………………………………………… 15

 2.1　标识符 ……………………………………………………………………………… 15
  2.1.1　字符集 ……………………………………………………………………… 15
  2.1.2　C 语言词汇 ………………………………………………………………… 15
 2.2　C 语言数据类型 …………………………………………………………………… 17
 2.3　简单数据输出 ……………………………………………………………………… 18
 2.4　常量与变量 ………………………………………………………………………… 19
  2.4.1　常量 ………………………………………………………………………… 19
  2.4.2　变量 ………………………………………………………………………… 21
 2.5　表达式 ……………………………………………………………………………… 24
  2.5.1　算术表达式 ………………………………………………………………… 25
  2.5.2　赋值表达式 ………………………………………………………………… 26
  2.5.3　逗号表达式 ………………………………………………………………… 28
  2.5.4　位运算 ……………………………………………………………………… 29
 2.6　类型转换 …………………………………………………………………………… 33
  2.6.1　自动转换 …………………………………………………………………… 33
  2.6.2　强制类型转换 ……………………………………………………………… 35
 习题 ……………………………………………………………………………………… 36

第 3 章 简单程序设计 ……………………………………………………………… 41

3.1 算法 …………………………………………………………………………… 41
3.1.1 算法的概念 ……………………………………………………………… 41
3.1.2 算法的描述 ……………………………………………………………… 42
3.2 C 语言语句分类 ……………………………………………………………… 43
3.3 数据的输入和输出 …………………………………………………………… 45
3.3.1 库函数 …………………………………………………………………… 45
3.3.2 数据输入函数 …………………………………………………………… 46
3.3.3 整型数据的输入和输出 ………………………………………………… 46
3.3.4 实型数据的输入和输出 ………………………………………………… 47
3.3.5 字符型数据的输入和输出 ……………………………………………… 48
3.4 顺序结构程序设计 …………………………………………………………… 49
习题 ……………………………………………………………………………… 52

第 4 章 分支结构程序设计 ……………………………………………………… 56

4.1 关系运算符与关系表达式 …………………………………………………… 56
4.1.1 关系运算符 ……………………………………………………………… 56
4.1.2 关系表达式 ……………………………………………………………… 57
4.2 逻辑运算符与逻辑表达式 …………………………………………………… 57
4.2.1 逻辑运算符 ……………………………………………………………… 58
4.2.2 逻辑表达式 ……………………………………………………………… 59
4.3 if 语句 ………………………………………………………………………… 60
4.3.1 单分支结构 if 语句 ……………………………………………………… 60
4.3.2 双分支结构 if-else 语句 ………………………………………………… 62
4.3.3 多分支结构 else if 语句 ………………………………………………… 65
4.4 switch 语句 …………………………………………………………………… 68
习题 ……………………………………………………………………………… 71

第 5 章 循环结构程序设计 ……………………………………………………… 76

5.1 循环的概念 …………………………………………………………………… 76
5.2 for 语句 ………………………………………………………………………… 77
5.3 while 语句 ……………………………………………………………………… 80
5.4 do-while 语句 ………………………………………………………………… 81
5.5 如何跳出循环结构 …………………………………………………………… 83
5.6 循环的嵌套 …………………………………………………………………… 86
5.7 三种循环的比较 ……………………………………………………………… 90
5.7.1 循环语句的选择 ………………………………………………………… 90
5.7.2 无限循环 ………………………………………………………………… 92

5.8 循环结构应用实例 ··· 93
习题 ·· 97

第 6 章 函数 ·· 102

6.1 结构化程序设计方法 ··· 102
6.2 函数定义 ··· 104
6.3 函数的调用 ··· 106
    6.3.1 函数的调用形式 ·· 106
    6.3.2 函数的调用过程 ·· 106
    6.3.3 参数传递 ··· 107
    6.3.4 函数的返回值 ··· 109
    6.3.5 函数原型声明 ··· 111
6.4 函数的嵌套调用和递归调用 ·· 112
    6.4.1 函数的嵌套调用 ·· 112
    6.4.2 函数的递归调用 ·· 114
6.5 变量的作用域和存储类别 ··· 116
    6.5.1 变量的作用域 ··· 116
    6.5.2 变量的存储类型 ·· 119
6.6 预处理命令 ··· 122
    6.6.1 宏定义 ·· 122
    6.6.2 文件包含 ··· 125
6.7 大程序的组成 ··· 126
    6.7.1 C 程序的组成 ·· 126
    6.7.2 源文件间的通信 ·· 126
习题 ·· 127

第 7 章 数组 ·· 133

7.1 一维数组 ··· 133
    7.1.1 一维数组的定义 ·· 134
    7.1.2 一维数组元素的引用 ·· 135
    7.1.3 一维数组的初始化 ·· 137
    7.1.4 数组名作为函数参数 ·· 138
    7.1.5 一维数组举例 ··· 139
7.2 二维数组 ··· 143
    7.2.1 二维数组的定义 ·· 143
    7.2.2 二维数组元素的引用 ·· 143
    7.2.3 二维数组的初始化 ·· 146
7.3 字符数组 ··· 151
    7.3.1 字符数组的定义与初始化 ··· 151

    7.3.2 字符串及操作 ………………………………………………… 152
    7.3.3 字符串处理函数 ……………………………………………… 154
  习题 ……………………………………………………………………………… 160

第8章 指针 …………………………………………………………………… 170

  8.1 地址和指针 ……………………………………………………………… 170
    8.1.1 变量的地址 ………………………………………………… 170
    8.1.2 指针变量 …………………………………………………… 171
  8.2 指针的基本运算 ………………………………………………………… 172
  8.3 指针与数组 ……………………………………………………………… 174
    8.3.1 指针和一维数组 …………………………………………… 174
    8.3.2 指针和二维数组 …………………………………………… 178
  8.4 指针与字符串 …………………………………………………………… 180
    8.4.1 字符指针 …………………………………………………… 180
    8.4.2 字符指针与字符数组 ……………………………………… 180
  8.5 指针与函数 ……………………………………………………………… 182
    8.5.1 指针作为函数的参数 ……………………………………… 183
    8.5.2 数组名与指针作为函数参数的比较 ……………………… 184
    8.5.3 指针型函数 ………………………………………………… 187
    8.5.4 指向函数的指针 …………………………………………… 189
  8.6 指向指针的指针和指针数组 …………………………………………… 190
    8.6.1 指向指针的指针 …………………………………………… 190
    8.6.2 指针数组 …………………………………………………… 191
    8.6.3 行指针 ……………………………………………………… 194
  习题 ……………………………………………………………………………… 196

第9章 结构体和共用体 ……………………………………………………… 201

  9.1 结构体类型的定义 ……………………………………………………… 201
  9.2 结构体变量的定义和使用 ……………………………………………… 202
    9.2.1 结构体变量的定义 ………………………………………… 203
    9.2.2 结构体变量的引用 ………………………………………… 204
    9.2.3 结构体变量的初始化 ……………………………………… 206
  9.3 结构体数组 ……………………………………………………………… 207
    9.3.1 结构体数组的定义及初始化 ……………………………… 207
    9.3.2 结构体数组应用举例 ……………………………………… 209
  9.4 结构体指针 ……………………………………………………………… 211
    9.4.1 指向结构体变量的指针 …………………………………… 211
    9.4.2 指向结构体数组的指针 …………………………………… 212
    9.4.3 结构体指针作为函数参数 ………………………………… 213

9.5 共用体类型 ·· 214
    9.5.1 共用体的概念 ································ 214
    9.5.2 共用体类型定义和变量定义 ············ 214
9.6 用 typedef 自定义数据类型 ····················· 217
习题 ··· 217

第 10 章 文件 ··· 223

10.1 文件概述 ·· 223
    10.1.1 文件的概念 ································ 223
    10.1.2 文件的分类 ································ 223
    10.1.3 缓冲文件系统 ···························· 224
    10.1.4 文件指针 ···································· 224
    10.1.5 文件的操作顺序 ························ 225
10.2 文件操作 ·· 225
    10.2.1 文件的打开和关闭 ···················· 226
    10.2.2 文件的读/写 ······························ 227
    10.2.3 文件的定位与随机读/写 ··········· 236
10.3 文件应用综合实例 ································ 238
习题 ··· 241

附录 A 标准字符与 ASCII 码对照表 ········· 243

附录 B 运算符的优先级和结合性 ·············· 245

附录 C C 常用库函数 ································· 247

参考文献 ··· 252

第1章 C语言概述

在人们使用计算机的过程中,要使计算机按人们预先安排的步骤进行工作,就要解决人与计算机的交流问题。人与计算机进行交流的语言,称为程序设计语言。C语言是国内外广泛流行的高级程序设计语言,既可用它编写应用软件,也能用它编写包括操作系统在内的系统软件。C语言既具有高级语言的特点,又具有汇编语言的功能。用C语言编写的程序具有良好的可移植性和较高的执行效率。随着计算机的广泛使用,C语言在各个领域的应用也越来越广泛。

本章从程序设计的角度,结合C语言的发展和特点,介绍有关程序设计的基本概念以及C语言程序的基本结构等内容。

1.1 程序与程序设计语言

1.1.1 程序的基本概念

要想使计算机为人类完成各种各样的工作,就必须让它执行人们预先设计好的程序。

1. 程序

所谓程序,实际上是用计算机语言描述的某一问题的解题步骤,是符合一定语法规则的符号序列。它表达了人们解决问题的过程,通过在计算机上运行程序,向计算机发出一系列指令,告诉计算机要处理什么以及如何处理,便可按人们的要求解决特定问题。

一个程序一般应包含以下两方面内容:一是对数据的描述,在程序中指定数据的类型和数据的组织形式,即数据结构;二是对操作步骤的描述,也就是算法。

2. 程序设计

程序设计的目的就是用计算机解决问题。所谓程序设计就是把解题步骤用程序设计语言描述出来的工作过程。用计算机解决问题大体上经过以下几个步骤:

(1) 问题分析。用计算机来解决问题,首先应通过对问题的分析,确定在解决这个问题过程中要做些什么?分析问题、明确要解决的问题并给出问题的明确定义是解决问题的关键。

(2) 算法设计。在弄清要解决的问题之后,就要考虑如何解决它,即如何做?这就是算法设计。算法设计分两个步骤：

① 确定数据结构。根据任务提出的要求、指定的输入数据和输出结果，对问题进行抽象，抽取出能够反映本质特征的数据并对其进行描述，确定存放数据的数据结构。

② 确定算法。针对设计好的数据结构考虑如何进行操作以获得问题的结果，即确定解决问题、完成任务的步骤。

（3）编写程序。根据确定的数据结构和算法，使用选定的程序设计语言编写程序代码，简称编程。

（4）编译调试和运行。通过对程序的调试消除由于疏忽而引起的语法错误或逻辑错误；用各种可能的输入数据对程序进行测试，使之对各种合理的数据都能得到正确的结果，对不合理的数据能进行适当的处理。

程序设计既是一门科学，又是一门艺术。就像练习写作一样，必须不断地编程实践并且大量阅读他人程序，积累经验，才能形成良好的程序设计风格，不断提高程序设计能力。

1.1.2　程序设计语言

程序设计语言就是用户用来编写程序的语言，它是人与计算机之间交换信息的工具。当今程序设计语言发展非常迅速，新的程序设计语言层出不穷，其功能越来越强大。根据程序设计语言与计算机硬件的联系程度可分为机器语言、汇编语言和高级语言三类。

1. 机器语言

机器语言是用二进制代码表示的计算机能直接识别和执行的一种机器指令的集合。机器语言具有灵活、直接执行和速度快等特点。不同型号的计算机其机器语言互不兼容，按照一种计算机的机器指令编制的程序，不能在另一种计算机上执行。

使用机器语言编写程序，编程人员必须熟记所用计算机的全部指令代码和代码的含义，程序员需要自己处理每条指令、每一数据的存储分配和输入输出，还得记住编程过程中每步所使用的存储单元处在何种状态。这是一件十分烦琐的工作，编写程序花费的时间往往是实际运行时间的几十倍甚至几百倍。而且，编出的程序全是 0 和 1 构成的指令代码，可读性差，且容易出错。现在，除了计算机生产厂家的专业人员外，绝大多数程序员已经不用机器语言编程了。

2. 汇编语言

为便于理解与记忆，人们采用一些"助记符号"来表示机器语言中的机器指令，这样便形成了汇编语言。助记符一般都是采用某个操作的英文字母缩写，如用 ADD 表示加法。

不同类型的计算机对应的指令系统也是不同的。由于汇编语言采用了助记符，因此，它比机器语言直观，容易理解和记忆。用汇编语言编写的程序也比机器语言程序易读、易检查、易修改。但是，计算机不能直接识别汇编语言源程序，必须由一种专门的翻译程序将源程序翻译成机器语言程序后，计算机才能识别并执行。另外，汇编语言除了可读性比机器语言好以外，同样也存在机器语言的缺点，尤其是描述问题的方式与人们的习惯相距太远。

3. 高级语言

机器语言和汇编语言都是面向机器的语言，一般称为低级语言。低级语言对机器的依赖性太大，使用它们设计程序时，要求程序员对机器比较熟悉。用它们开发的程序通用性差，普通的编程者很难胜任这一工作。

为了克服低级语言这一缺点，随着计算机技术的发展以及计算机应用领域的不断扩大，从20世纪50年代中期开始逐步出现了面向问题的程序设计语言，称为高级语言。高级语言与具体的计算机硬件无关，其表达方式更接近人类自然语言的表述习惯，具有很高的可读性。高级语言的一条语句通常对应于多条机器指令，所以用高级语言编写程序要比低级语言容易得多，并大大简化了程序的编写和调试，使编程效率得到大幅度提高。高级语言的显著特点是独立于具体的计算机硬件，通用性和可移植性好。

高级语言接近于自然语言和数学语言，在一定程度上与具体计算机无关的符号化语言。用高级语言描述的算法代码是一种符号化的语句序列，也称为源程序。

高级语言易学易用，程序易理解、调试、修改和移植，但多数语言不支持对硬件的直接操作，需要翻译成等价的指令序列后才能由计算机执行。翻译方式分为两种：编译方式与解释方式。

(1) 编译方式。用相应的编译程序(compiler，或称为编译器)对高级语言描述的源代码进行若干次扫描后生成目标代码。但目标代码并不能直接执行，还需要经过连接、装配成可执行指令序列后才能运行。虽然编译方式实现复杂，但相对而言能产生效率较高的目标代码，编译一次，运行多次。这种翻译方式适合于结构复杂、要求运行效率高的应用程序开发。

(2) 解释方式。用解释程序(interpreter)对源代码逐句扫描、处理、执行后直接获得结果。解释方式实现简单但效率低，同一代码每次运行都要进行解释。一般来说，交互式程序设计语言采用解释方式。

程序设计语言规定了一组记号和一组规则，用于描述或书写计算机程序。无论采用编译方式还是解释方式，用高级语言编写的程序，运行效率一般低于机器语言或汇编语言编写的代码。

尽管计算机程序设计语言的差别很大，但无论哪种语言，其基本语言成分都可归结为四大类：用以描述程序所处理的数据对象的值、存储、类型的数据成分，用以规定程序设计中所能进行的运算(如算术运算、逻辑运算等)成分，用以控制程序执行流程的控制成分，以表达程序中数据输入输出的传输成分。

常用的计算机高级语言包括以下几种：

(1) FORTRAN语言(FORmula TRANslation)。它是最早出现的高级语言之一，广泛用于科学计算和数据处理。它第一次允许程序员用数学形式的语句来编写程序，例如A=B+C。FORTRAN最早出现在1957年，随着计算机技术的发展，先后出现了FORTRAN77、FORTRAN80、FORTRAN95等版本。

(2) BASIC语言。起源于20世纪60年代初期的BASIC语言，吸收了近代语言的研究成果，已经发展为一种面向对象的程序设计和软件开发语言，广泛用于数值计算、自动控制系统中。

(3) C语言。最初C语言是为了编写UNIX操作系统而设计的。它是高级程序设计语言，又具有汇编语言的一些特点，其应用范围很广。C 语言是一种结构化、模块化、可编译的通用程序设计语言，广泛应用于系统软件和应用软件的开发。

（4）C++ 语言。C++ 是由 C 语言发展而来的，与 C 兼容。用 C 语言编写的程序基本上可以不加修改地用于 C++。从 C++ 的名字可以看出它是 C 的超集。C++ 既可用于面向过程的结构化程序设计，也可用于面向对象的程序设计，是一种功能强大的程序设计语言。在 C++ 产生之后，又出现了 Borland C++、C++ Builder 和 Visual C++ 等针对 C++ 语言的集成开发环境。本书的所有例子均在微软的 Visual C++ 2010 环境下编写、调试和运行测试。

（5）Python 语言。Python 语言诞生于 1990 年，由 Guido van Rossum 设计并领导开发。Python 语言是开源项目的优秀代表，其解释器的全部代码都是开源的。Python 语言以对象为核心组织代码，支持多种编程范式，采用动态类型，自动进行内存回收。Python 支持解释运行，并能调用 C 库进行拓展。Python 有强大的标准库。由于标准库的体系已经稳定，所以 Python 的生态系统拓展到第三方包。由于 Python 语言的简洁性、易读性以及可扩展性，目前在 Web 开发、大数据开发、人工智能开发和嵌入式开发等领域得到广泛的使用，成为最受欢迎的程序设计语言之一。

1.2　C 语言的历史背景

C 语言是由 B 语言发展而来的，它的根源可以追溯到 ALGOL 60 程序设计语言，但因为 B 语言只有单一的字符类型和功能，过于简单等原因而未能流行。1972—1973 年间，贝尔实验室的 Dennis.M.Ritchie 和 Brian.W.kernighan 对 B 语言进一步改进，设计出 C 语言。C 语言充分吸收了 BCPL 和 B 语言的优点（精炼、接近硬件），同时也克服了它们的缺点（过于简单、数据无类型、功能较差等）。1973 年，两人合作用 C 语言改写了 UNIX 操作系统 90% 以上的内容，即 UNIX 第 5 版（以前的 UNIX 系统是两人用汇编语言编写的）。

随后，贝尔实验室对 C 语言进行了多次改进，1975 年，随着 UNIX 第 6 版公布，C 语言受到人们普遍关注，它的突出优点得到计算机界的认可。C 语言可以独立于 UNIX 操作系统和 PDP 机存在，并且可以移植到各种大、中、小、微型机上，这使得 UNIX 操作系统得到普遍推广。随着 UNIX 操作系统的日益广泛使用，C 语言也迅速发展。因此可以说 C 语言和 UNIX 是一对孪生兄弟，相辅相成。

1978 年，Dennis. M. Ritchie 和 Brian. W. kernighan 合作编写了经典著作 *The C Programming Language*，书中详细阐述了 C 语言，人们把它称为标准 C，它是目前所有 C 语言版本的基础。C89 是最早的 C 语言规范，于 1989 年提出，1990 年先由美国国家标准委员会（American National Standards Institute，ANSI）推出 ANSI 版本，后来被接纳为 ISO 国际标准（ISO/IEC9899:1990），因而有时也称为 C90。C89 是目前最广泛采用的 C 语言标准，大多数编译器都完全支持 C89，C99（ISO/IEC9899:1999）是在 1999 年推出的，加入了许多新的特性。

在 C 语言的基础上，1983 年又由贝尔实验室的 Bjarne Strou-strup 推出了 C++。C++ 进一步扩充和完善了 C 语言，成为一种面向对象的程序设计语言。C++ 提出了一些更为深入的概念，它所支持的面向对象的概念容易将问题空间直接地映射到程序空间，为程序员提供了一种与传统结构程序设计不同的思维方式和编程方法。C++ 语言和 C 语言在很多方面是兼容的。因此,掌握了 C 语言,再进一步学习 C++ 就能以一种熟悉的语法来学习面向对象的语言,从而达到事半功倍的效果。

1.3 C 语言的特性

C 语言是使用最广泛的高级语言之一,具有以下几方面特点:

(1) C 语言简洁、紧凑,编写的程序短小精悍。C 语言只有 32 个关键字和 9 种控制语句,不但语言的组成精炼、简洁,而且使用方便、灵活。

(2) C 语言运算符丰富,数据结构丰富,表达能力强。C 语言提供了 34 个运算符,运算类型极其丰富,能实现各种复杂数据类型的数据进行运算,并引入了指针概念,使程序效率更高。

(3) C 语言是一种结构化程序设计语言。C 语言提供了结构化语言所要求的三种基本结构:顺序、选择(又称分支)和循环结构,这种结构化方式使程序层次清晰,便于使用、维护和调试。C 语言程序由多个函数组成的,程序易于实现模块化。

(4) C 语言提供了某些接近汇编语言的功能,如直接访问内存物理地址、二进制位运算等,为编写系统软件提供了方便条件。

(5) C 语言可移植性好。在 C 语言提供的语句中,没有直接依赖于硬件的语句。与硬件有关的操作,如数据的输入、输出等都是通过调用系统提供的库函数来实现的,而这些函数本身并不是 C 语言的组成部分。因此用 C 语言编写的程序很容易在平台间移植。

(6) C 语言生成代码质量高,程序执行效率高。一般只比汇编程序生成的目标代码效率低 10%~20%。

当然,C 语言本身也存在一些缺点:如丰富的运算符导致运算优先次序与结合性复杂化,代码难于理解;某些程序表达方面的自由与灵活性其实也说明了其语法不严格,可能造成难以发现的程序错误;一些符号具有多义性(如 *、& 等),只能在上下文中才能确定其含义。尽管 C 语言仍存在着这样或那样的不足之处,但它仍然是一种颇为有效的、功能强大的程序设计语言。

1.4 C 语言程序的基本结构

1.4.1 C 语言程序的结构特点

通过简单 C 语言程序示例,展现出 C 语言源程序在组成结构上的特点。虽然有关内容还未介绍,但可以从例子中了解到 C 源程序的基本部分和书写格式,感受 C 语言进行程序设计的方法和思想。

【例 1-1】 在屏幕上显示 Hello World!
源代码

```
/*显示 Hello World! */
#include<stdio.h>                    /*编译预处理命令*/
```

例 1-1

```c
int main()                              /* 调用main函数 */
{
    printf("Hello World!\n");           /* 调用输出函数,输出文字 */
    return 0;                           /* 返回整数0 */
}
```

运行结果:

```
Hello World!
```

我们对这个程序逐行进行解释:

第1行:/* 显示Hello World! */

这是程序的注释文本,文本包含在符号/*和*/之间,多行文本也可以用/*和*/包含进来。注释文本是对程序代码的功能解释,当程序比较复杂时,必要的注释文本增加程序的可读性。注释文本不参与程序运行。

第2行:#include<stdio.h>

这是一条编译预处理命令,由于程序中使用了printf函数,该函数是C语言提供的标准输入输出函数,在文件stdio.h中声明。

注意:编译预处理命令的末尾不加分号。

第3行:int main()

调用main函数,本程序中只有一个主函数,名称为main(以后简称main函数)。任何一个C程序中有且只有一个main函数,C程序总是从main函数开始执行,并且在main函数中结束。

第4行:一对大括号{},是一个函数结构必要组成部分,将函数体代码写在其中。

第5行:printf("Hello World! \n");

printf是标准输出函数,调用该函数,以分号结尾。它的作用是将双引号里的内容输出在屏幕上,"\n"是回车符号,表示其后面的内容换行输出。

C语言中函数的调用格式为:

函数名(参数列表);

注意:C语言的所有语句都以分号结尾,表示语句执行结果。

第6行:return 0;

结束main函数的执行,并向系统返回一个整数0。如果main函数返回0,说明程序运行正常,返回其他数字则用于表示各种不同的错误信息,系统可以通过检查返回值来判断程序是否运行成功。

【例1-2】 从键盘输入两个整数,输出其中较大数。

源代码

```c
#include<stdio.h>
int max(int x,int y)                    /* 定义max函数,形式参数x,y为整型 */
{
    int z;
```

```c
    if(x>y) z=x;
    else z=y;
    return(z);                        /*将 z 的值返回,通过 max 带回调用位置*/
}
int main()
{
    int a,b,c;
    printf("输入两个数: ");
    scanf("%d %d",&a,&b);
    c=max(a,b);                       /*调用 max 函数*/
    printf("结果为: %d\n",c);
    return 0;
}
```

运行结果:

```
输入两个数: 5 8↙
结果为: 8
```

程序的功能是从键盘输入两个整数 a 和 b,求其中较大者,然后输出结果。通过这个程序,了解代码的结构框架。

(1) C 程序是比 C 源文件更大的概念,一个 C 语言程序可由一个或多个源文件组成。一个 C 源文件可以包含多个 C 函数。最简单的 C 程序是只包含一个 main 函数的源文件。

(2) 该 C 程序包含一个源文件,其中有两个函数,一个是 main 函数,一个是名为 max 的用户自定义函数。main 函数的函数名是系统规定的,用户不能更改,但用户可以定义 main 函数的功能。用户自定义函数名和功能由用户自己设计编写。

(3) 一个 C 程序总是从 main 函数开始执行并结束于 main 函数。该程序由 main 函数开始执行,期间调用 max 函数,max 函数执行结束后返回到 main 函数中。此处,main 是主调函数,max 是被调用函数,函数间存在调用和被调用的关系。

1.4.2 程序设计风格

程序设计风格指的是编写程序的风格。一个好程序不只是一个正确的程序,还要有良好的程序设计风格,良好的程序设计风格是程序设计成功的保障。遵循通常的编程原则,有利于编写出有效的、结构清晰的和易于理解的程序。这里给出编写程序时应注意的几个方面。

1. 选用有实际意义的标识符作为变量名和函数名

变量名的命名应尽量有实际意义,见名知意,容易理解,增加程序的可读性。在 C 语言中,变量名一般用小写字母表示。

2. 书写格式

C 程序书写格式自由,即一行内可以写多条语句,一条语句也可以分写在多行上。但为便于人们阅读程序,通常一行只书写一条语句。C程序对大小写敏感。

3. 程序书写的缩进规则

根据语句的并列关系及包含关系,将包含关系中的被包含语句缩进格式书写,常用锯齿形书写格式。通常使用 TAB 键进行缩进,"{"、"}"要对齐,适当使用空行和空格。

例如:

```
#include<stdio.h>
int main()
{
    int i,j,sum=0;
    for(i=1;i<10;i++)
    {
        for(j=1;j<10;j++)
        {
            sum=sum+i*j;
        }
    }
    printf("sum=%d",sum);
    return 0;
}
```

4. 适当的注释

注释是一种便于阅读和理解程序的信息,它为程序员本人及他人提供了帮助。C语言的注释语句是用"/*"和"*/"中间加注释内容表示。

5. 适当的交互性

在程序的适当位置加入一些输出提示语句,提示用户当前的状态或告诉用户响应方法。

例如:

```
printf("Please enter radius of circle: ");        /*提示用户输入圆的半径值*/
scanf("%f",&radius);
```

1.5 C语言程序编译过程及编程环境

1.5.1 C语言程序编译过程

编辑好程序后,需要用一种称为"编译程序"的软件,把用高级语言编写的源程序翻译成目标程序,然后将该目标程序与一些系统函数和其他目标程序连接起来,形成可执行的目标程序。在这个过程中,大致分为编辑、编译、连接和执行四个阶段,如图1-1所示。

1. 编辑程序

在对实际求解问题进行分析和算法设计后,就可以编写程序了。在编程环境中,新建文

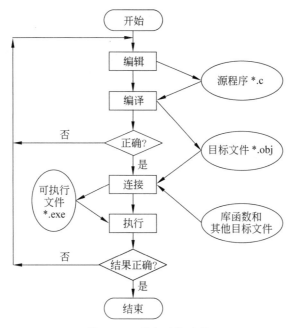

图 1-1 C 程序开发过程

件,进入编辑状态直接编写程序,对于 C 语言来说,生成的源文件扩展名通常为.c,程序编写完成后保存文件。

2. 编译

编辑好程序后,应该对源程序进行编译,通过编译工具,转换为目标文件(扩展名为.obj)。编译过程就是把预处理完的文件进行一系列的词法分析、语法分析、语义分析以及优化后产生相应的机器代码文件,并形成一个目标文件。如果出错,则必须返回到编辑程序步骤对源程序进行修改,直到没有错误为止。

3. 连接

将目标文件连接成可执行文件(文件扩展名为.exe)。这时会对文件关联进行检查。如果出错,需要返回到编辑程序步骤对源程序进行修改,并重新编译,直到没有错误为止。

4. 运行与调试

如果经过测试,运行可执行文件达到预期设计目的,C 语言程序的开发工作便到此完成了。如果运行出错,说明程序处理的逻辑存在问题,需要再次回到编辑环境针对程序出现的逻辑错误进一步检查、修改源程序,重复编辑→编译→连接→运行的过程,直到取得预期结果为止。

如果程序有语法错误就需要对程序进行调试。调试是在程序中查找错误并修改错误的过程。调试程序一般应经过以下几个步骤:

(1) 先进行人工检查,即静态检查。
(2) 在人工检查无误后,再上机调试。

(3) 在改正语法错误(包括错误(error)和警告(warning))后,程序经过连接(link)就得到可执行文件。

(4) 运行结果错误,大多属于逻辑错误。对这类错误往往需要仔细检查和分析才能发现。

例如,复合语句忘记写大括号{},只要一对照就能很快发现。如果实在找不到错误,可以采用设置断点和观察变量的方法进行调试。

- 设置断点(Break Point Setting):可以在程序的任何一个语句上做断点标记,程序运行到这里时会停下来。
- 观察变量(Variable Watching):当程序运行到断点停下来后,可以观察各种变量的值,判断此时的变量值是不是和预期的一致。如果不是,说明该断点之前肯定有错误。
- 单步跟踪(Trace Step by Step):一步一步跟踪程序的执行过程,同时观察变量值的变化。

(5) 如果在程序中没有发现问题,就要检查算法有无问题。

(6) 大部分编译系统还提供 Debug(调试)工具,跟踪程序并给出相应信息,使用更为方便,请查阅有关手册。

1.5.2　C 语言编程环境介绍

不同的编译环境,使用的方式各有不同。常用的开发工具有:

(1) TC2.0 编译器,是古老的 16 位操作系统环境下的编译器,这个程序最大的特点就是基本不用鼠标,以前一直在 DOS 环境下运行,它的界面也是像 DOS 一样的界面,如图 1-2 所示。为了兼容它,Windows XP、Windows 7、Windows 10 也可以在模拟器下运行它。

图 1-2　TC2.0 编译器开发界面

(2) Visual C++ 6.0,简称 VC 或者 VC6.0,是微软的一款 C++ 编译器,将"高级语言"翻译为"机器语言"的程序。Visual C++ 是一个功能强大的可视化软件开发工具,开发界面如图 1-3 所示。自 1993 年 Microsoft 公司推出 Visual C++ 1.0 后,随着其新版本的不断问世,Visual C++ 已成为专业程序员进行软件开发的工具。虽然微软公司推出了 Visual C++ .NET(Visual C++ 7.0),但它的应用有很大的局限性,只适用于 Windows 2000、Windows XP 和 Windows NT 4.0。

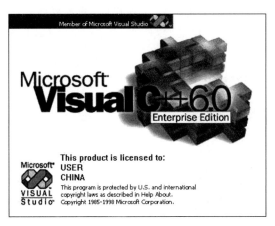

图 1-3　Visual C++ 6.0 开发界面

（3）Microsoft Visual Studio 2010(简称 VS)是美国微软公司的开发工具包系列产品。VS 是一个基本完整的开发工具集，它包括了整个软件生命周期中所需要的大部分工具，如 UML 工具、代码管控工具、集成开发环境（IDE）等。所写的目标代码适用于微软支持的所有平台，包括 Microsoft Windows、Windows Phone、Windows CE、.NET Framework、.NET Compact Framework 和 Microsoft Silverlight。Visual Studio 包含基于组件的开发工具（如 Visual C♯、Visual J♯、Visual Basic 和 Visual C++），以及许多用于简化基于小组的解决方案的设计、开发和部署的其他技术。目前有五个版本：专业版、高级版、旗舰版、学习版和测试版。

本教材使用 Microsoft Visual C++ 2010 Express(以下简称 VC++ 2010)作为课上练习与实验的开发工具，开发界面如图 1-4 所示。

图 1-4　Visual Studio 2010 开发界面

（4）CodeBlocks是一款开源的跨平台开发软件，开发界面如图1-5所示。CodeBlocks支持使用广泛的C以及C++程序开发，软件本身就是使用C++开发，有着快速的反应速度，而且体积也不大，对于C++用户来说，是最适用的软件。

图1-5　CodeBlocks开发界面

（5）Dev-C++，是一个Windows环境下的一个适合于初学者使用的轻量级C/C++集成开发环境（IDE），开发界面如图1-6所示。它是一款自由软件，遵守GPL许可协议分发源代码。它集合了MinGW中的GCC编译器、GDB调试器和AStyle格式整理器等众多自由软件。

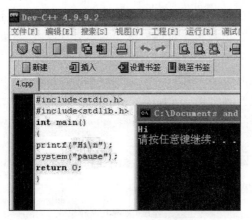

图1-6　Dev-C++开发界面

习题

一、单项选择题

（1）以下叙述正确的是（　　）。
　　A. C语言比其他语言高级
　　B. C语言可以不用编译就能被计算机识别执行
　　C. C语言的表达形式接近英语国家的自然语言和数学语言
　　D. C语言出现的最晚，具有其他语言的一切优点

(2) 以下说法正确的是（　　）。
　　A. C 语言程序总是从第一个函数开始执行
　　B. 在 C 语言程序中，要调用的函数必须在 main 函数中定义
　　C. C 语言程序总是从 main 函数开始执行
　　D. C 语言程序中的 main 函数必须放在程序的开始部分
(3) 以下叙述不正确的是（　　）。
　　A. 一个 C 源程序可由一个或多个函数组成
　　B. 一个 C 源程序必须包含一个 main 函数
　　C. C 程序的基本组成单位是函数
　　D. 在 C 程序中，注释说明只能位于一条语句的后面
(4) 以下叙述中正确的是（　　）。
　　A. C 程序中注释部分可以出现在程序中任意合适的地方
　　B. 大括号"{"和"}"只能作为函数体的定界符
　　C. 构成 C 程序的基本单位是函数，所有函数名都可以由用户命名
　　D. 分号是 C 语句之间的分隔符，不是语句的一部分
(5) 以下叙述中正确的是（　　）。
　　A. C 语言的源程序不必通过编译就可以直接运行
　　B. C 语言中的每条可执行语句最终都将被转换成二进制的机器指令
　　C. C 语言程序经编译形成的二进制代码可以直接运行
　　D. C 语言中的函数不可以单独进行编译
(6) (　　)是 C 语言程序的基本单位。
　　A. 语句　　　　　　　　　　　B. 函数
　　C. 代码中的一行　　　　　　　D. 以上答案都不正确
(7) C 语言源程序文件的扩展名是（　　），经过编译连接后生成的可执行程序文件的扩展名是（　　）。
　　A. c, exe　　　B. cpp, dsp　　　C. c, obj　　　D. cpp, obj
(8) 一个最简单的 C 程序至少应包含一个（　　）。
　　A. 用户自定义函数　　　　　　B. 语句
　　C. main 函数　　　　　　　　D. 编译预处理命令

二、简答题

(1) 什么是程序？什么是程序设计？
(2) 汇编语言与高级语言有什么区别？
(3) 简要介绍 C 语言的特点。
(4) 程序设计有哪些主要步骤？
(5) 叙述一个 C 程序的构成。
(6) 运行一个 C 语言程序的一般过程是什么？

三、程序设计题

(1) 编写一个程序,输出"How are you.",并上机运行。

(2) 参照本章例1-1编写程序,使其输出结果为:

    *
   ***
  *****
 ****

第 2 章 基本数据类型及表达式

数据类型在 C 语言程序设计中占有重要的地位,它是编程的基础。本章内容对初学者来说比较枯燥,需要和简单编程结合学习,体会其用法。其次,C 语言提供了丰富的运算符,和不同类型数据组合构成表达式。

本章主要介绍 C 语言的基本语法知识,主要包括基本数据类型、常量和变量、表达式以及数据类型转换。

2.1 标识符

2.1.1 字符集

字符是组成语言的最基本元素。C 语言字符集由大小写英文字母、数字 0~9、空格、标点和特殊字符组成。

C 语言的字符集均为英文字符,如果出现中文字符,系统编译出错,例如:

```
printf("abcd\n");        /*双引号使用错误,正确应为英文引号:" " */
```

2.1.2 C 语言词汇

在 C 语言中,使用的词汇分为六类:标识符、关键字、运算符、分隔符、常量和注释符。

1. 标识符

在程序中使用的变量名、函数名等统称为标识符。除库函数和 main 函数的函数名由系统定义外,其余都由用户自定义。C 语言的标识符必须符合以下规则:

(1) 只能由字母、数字、下画线组成。
(2) 首字符只能是字母或下画线。

除此之外,用户自定义的标识符还需注意以下几点:

(1) 标识符尽量不要太长,以防出错。标准 C 不限制标识符的长度,但它受各种版本的 C 语言编译系统限制,同时也受到具体机器的限制。
(2) 在标识符中,字母区分大小写。例如 Sum 和 sum 是两个不同的标识符。
(3) 标识符命名尽量有意义,例如年龄用 age,成绩用 score 等。

(4) 不能与系统关键字重名,如 int、double 等。

(5) 尽量不要和库函数重名,如 sqrt、pow 等。

2. 关键字

关键字是由 C 语言规定的具有特定意义的字符串,通常也称为保留字,在编译环境输入关键字后,该关键字默认会变成蓝色(也可以自己设定)。C 语言使用的关键字有 32 个,如表 2-1 所示。

表 2-1　C 语言使用的关键字列表

auto	break	case	char	const	continue	default
do	double	else	enum	extern	float	for
goto	if	int	long	register	return	short
signed	static	sizeof	struct	switch	typedef	union
unsigned	void	volatile	while			

3. 运算符

C 语言中含有相当丰富的运算符。运算符与常量、变量、函数一起组成表达式,实现各种运算功能。

4. 分隔符

在 C 语言中常用的分隔符有逗号、空格、分号和冒号。逗号主要用在类型说明和函数参数表中,分隔各个变量。空格多用于语句各单词之间,作为间隔符。例如定义变量语句:int a;不能写成:inta;(int 和 a 之间有空格作为间隔,空格多少不影响程序运行)。分号一般用于语句结尾。冒号常用于 switch 语句中。

5. 常量

C 语言中使用的常量可分为整型常量、实型常量、字符型常量、字符串常量、符号常量等多种。

6. 注释符

C 语言的注释符有两种:/**/ 和 //。

(1) 可以将单行或多行文本放在"/**/"之间,"/*"和"*/"之间的内容即为注释。程序编译时,不对注释作任何处理。注释可出现在程序中的任何位置,用来向用户提示或解释程序的意义。例如:

/*程序功能:计算输出
　　　　　　编写于 2020.6.7*/

(2) 对于单行注释可使用"//",例如:

printf("OK");　　　　　//输出字符串 OK

2.2 C语言数据类型

数据是计算机处理的对象,而数据有多种形式,例如整数、实数以及字符等。不同数据类型的数据在计算机中存储方式不同,处理方式也不同。C语言的数据类型如图 2-1 所示。

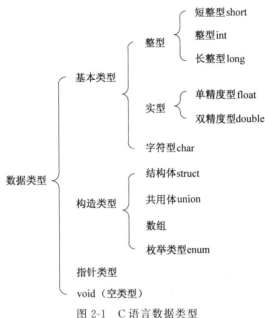

图 2-1　C语言数据类型

C语言数据类型包括基本数据类型、构造数据类型、指针类型和 void 类型四种。基本数据类型最主要的特点是其值不可以再分解为其它类型。构造数据类型是根据已定义的一个或多个数据类型通过构造的方法来定义的。void 类型主要用于定义空类型函数。本节仅介绍基本数据类型,构造数据类型、指针和 void 类型将在后续章节详细介绍。

C语言的基本数据类型包括三种:整型、字符型、实型,如表 2-2 所示。

表 2-2　基本数据类型

类型	名　　称	类 型 名	数据长度(字节)	取 值 范 围
整型	[有符号]整型	int	4	$-2^{31} \sim (2^{31}-1)$
	[有符号]短整型	short [int]	2	$-2^{15} \sim (2^{15}-1)$
	[有符号]长整型	long [int]	4	$-2^{31} \sim (2^{31}-1)$
	无符号整型	unsigned [int]	4	$0 \sim (2^{32}-1)$
	无符号短整型	unsigned short [int]	2	$0 \sim (2^{16}-1)$
	无符号长整型	unsigned long [int]	4	$0 \sim (2^{32}-1)$
字符型	字符型	char	1	$0 \sim 255$
实型	单精度浮点型	float	4	约 $\pm(10^{-38} \sim 10^{+38})$
	双精度浮点型	double	8	约 $\pm(10^{-308} \sim 10^{+308})$

注:方括号中的内容可以省略。其中 $2^{15}=32768, 2^{31}=2147483648$。

int 类型所占字节数和编译器有关,在 VC++ 2010 中为 4 个字节。读者可以通过 sizeof 查看不同数据类型数据所占字节数,例如:

```
printf("%d\n",sizeof(int));           /*查看一个 int 类型数据占几个字节*/
```

2.3 简单数据输出

printf 是系统提供的库函数,在系统文件 stdio.h 中声明,所以在源程序开始时要使用编译预处理命令 #include<stdio.h>。

printf 函数称为格式输出函数,其关键字最末一个字母 f 即为"格式"(format)之意。其功能是按用户指定的格式,把指定的数据显示到屏幕上。

printf 函数调用的一般形式:

printf(格式控制字符串,输出参数 1,输出参数 2,……,输出参数 n);

格式控制字符串需要用一对双引号括起来,表示输出的格式。输出参数为需要输出的数据列表,这些数据可以是常量、变量或表达式。

格式控制字符串包含两种信息:

(1) 格式控制符。用于输出一个数值,使用%开头,不同数据类型的数据%后的字符不同。例如,int 类型使用%d,float 和 double 类型使用%f。

(2) 普通字符。输出固定的文本内容,包括英文、中文以及转义字符。

例如下面的语句:

printf("两个数相加结果为%d,相乘结果为%d\n",5+6,5*6);

输出结果为:两个数相加结果为 11,相乘结果为 30。

上面的语句双引号里面有固定字符,也有运算结果。输出时,固定字符原样输出,两个%d 的位置分别显示输出参数 5+6 和 5*6 的计算结果。

注意:

(1) 一个%d 只输出显示一个数据,所以输出 n 个数据时需要 n 个格式控制符。

(2) 5+6 如果写在格式字符串内,则当做固定字符处理,不会参与计算。

(3) 格式控制符和输出参数个数、类型、顺序必须一一对应。第一个%d 显示 5+6 的值,第二个%d 显示 5*6 的值。

【例 2-1】 计算并输出以下 3 个表达式结果:

$6 \times 9 + 5 \times 3 \qquad \dfrac{89+56}{89-56} \qquad \dfrac{58}{1.65 \times 1.65}$

源程序

```
/*计算输出三个表达式结果*/
#include<stdio.h>
int main()
{
    printf("%d,%f,%f\n",6*9+5*3,(89.0+56)/(89-56),58/1.65/1.65);
    return 0;
}
```

运行结果：

```
69,4.393939,21.303949
```

注：如何输出实数以及控制小数位数将在第 3 章"用简单程序设计"详细讲解。

【练习 2-1】 将两个整数 30,8 的和、差、积、商,输出在屏幕上。

2.4 常量与变量

C 语言处理的数据有常量和变量两种形式。

2.4.1 常量

常量是指在程序运行过程中其值不能被改变的量。按照数据类型分为五种：整型常量、实型常量、字符型常量、字符串常量和符号常量。本节仅介绍前四种,符号常量请参看第 6 章"函数"。一些常用的常量实例如表 2-3 所示。

表 2-3 常用的常量实例

数据类型	实 例	备 注
整型常量	1,2,0,−85,012,0x89	包括正、负整数和零,有八进制、十六进制、十进制三种形式
实型常量	3.14,1.2e8,−0.23	称为实数或者浮点数。在 C 语言中,实数只采用十进制。它有两种形式：十进制小数形式和指数形式
字符型常量	'A','8','\n','m'	一对单引号括起来的单个字符。有普通字符和转义字符两种形式
字符串常量	"hello","123abc","8"	一对双引号括起来的 0 个或多个字符

1. 整型常量

整型常量有十进制、八进制和十六进制三种形式。十进制是由 0～9 组成的非零开头的数字。八进制以零开头,由数字 0～7 组成。十六进制以 0x(0X) 开头,由数字 0～9 以及 a～f(A～F) 组成。实例如表 2-4 所示。

表 2-4 整型常量实例

进制	实 例	说 明
十进制	1,2,45,−98	可带正负号,由 0～9 组成
八进制	0127,045,−0721	可带正负号,由 0～7 组成,0 开头
十六进制	0x45E,0x3a9,−0x8C34	可带正负号,由 0～9 以及 a～f(A～F) 组成,0x(0X) 开头

有时候,为了区分长整型或无符号型整数,在常量数字后可以加 U 或 L 等字符,例如,整数 89L(或 89l,末尾是 long 的首字母 l,不是数字 1)表示长整型数字,89U(或 89u)表示无

符号型(unsigned)整数。没有符号默认为 int 类型。

2. 实型常量

实型常量有两种形式，十进制小数和指数形式，如表 2-5 所示。

表 2-5 实型常量实例

形 式	实 例	说 明
十进制小数	.12,0.25,12.05,−9.6,12.	由数字 0~9、小数点和正负号组成。必须有小数点，整数部分省略默认为零
指数形式	.12E−9,12.3e2	由十进制数，加阶码标志 e 或 E 以及阶码组成。其一般形式为：aEn，其值表示为 $a \times 10^n$。a 为十进制实数，n 为十进制整数，a、n 都不可省略

实型常量有单精度(float)、双精度(double)之分，实型常量默认为双精度实数，可以在数字后加字符 f 或 F，表示单精度实数。例如 2.3F 为单精度实数，2.3 为双精度实数。

3. 字符型常量

字符型常量有普通字符和转义字符两种形式，用一对单引号括起来。普通字符为单个字符形式，例如，'a'、'A'、'b'、'C'、'x'、'? '、'4'、'+'等。

除了常见的单个字符外，C 语言中还有一类特殊形式的字符常量，是以一个字符"\"开头的字符序列，这样的字符叫做转义字符，如表 2-6 所示。

表 2-6 常用的转义字符及其含义

转义字符	转义字符的意义	ASCII 代码
\n	回车换行	10
\t	横向跳格，横向跳到下一输出区(每个输出区为 8 个字符位置)	9
\v	竖向跳格	11
\b	退格	8
\r	回车(回到本行起始字符位置)	13
\f	走纸换页	12
\\	反斜线符\	92
\'	单引号符	39
\"	双引号符	34
\a	鸣铃	7
\ddd	1~3 位八进制数所代表的字符，如\101 表示字符 A	0ddd
\xhh	1~2 位十六进制数所代表的字符，如\x42 表示字符 B	0xhh

字符型常量在内存中存储形式为该字符的 ASCII 码值,每个字符对应的 ASCII 码值请参看教材附录 A。下面列举一些常用的字符实例,如表 2-7 所示。

表 2-7 字符型常量实例

字符	ASCII 码	说 明
'a'	97	字母'a'
'A'	65	字母'A',和对应小写 ASCII 码值相差 32
' '	32	空格字符
'0'	48	字符'0',注意字符'0'和数字 0 不相同。字符'0'的值为 48,是字符型常量,数字 0 值为 0,是整型常量
'\106'	70	字母'F',\ddd 形式的转义字符,ASCII 码对应字符为 F
'\x54'	84	字母'T',\xhh 形式的转义字符,对应 ASCII 码为 84,查阅附录,对应的字符为'T'

4. 字符串常量

字符串常量是用一对双引号括起来的 0 个或多个字符序列,即一串字符,它有一个结束标志'\0'。例如"Hello!"、"12345"、"abc\123def\n"等。

2.4.2 变量

变量和常量相对应,是指在程序运行过程中其值可以改变的量。实际上,变量定义之后,内存为其分配若干字节的存储空间,在该存储区中存放变量的值。每个变量都有一个名字,例如 a、b、x、y、sum 等。

注意:变量使用前必须先声明,即先定义,后使用。

1. 变量的定义及初始化

定义变量使用以下形式:

类型说明符 变量 1,变量 2,……,变量 n;

例如:

int a,b,c;   /*定义三个 int 类型变量 a,b,c*/

在定义变量的时候给变量赋初值,叫做变量的初始化。初始化一般形式为:

类型说明符 变量 1=<表达式 1>,变量 2=<表达式 2>,……;

例如:

int a=3,b=0,c=0;   /*初始化变量 a=3,b=0,c=0*/

注意:在不同的编译器中,定义变量位置规则不同。例如,在 VC++ 2010 编译器定义变量需要写在函数最开始的位置,而在 DEV C++ 编译器中写在使用该变量之前即可。

2. 整型变量

定义变量的数据类型为整型时,变量为整型变量,只能存储整数,存储范围根据数据类型决定(参看表2-2)。

【例2-2】 整型数据的定义和使用。

源程序

```c
#include<stdio.h>
int main()
{
    int a,b,c=56;       /*定义三个int类型变量a、b、c,c初始化值为56*/
    long m=1;           /*定义long类型变量m,初始化值为1*/
    b=4;                /*给变量b赋值为4*/
    printf("a=%d,b=%d,c=%d,m=%d\n",a,b,c,m);    /*输出*/
    return 0;
}
```

运行结果:

```
a=4202272,b=4,c=56,m=1
```

程序中,定义4个变量a、b、c、m。其中c和m分别初始化值为56和1,b赋值为4,a没有赋值,输出结果中a为不确定值。

另外,每种数据类型存储的数据范围有限,超出范围将会溢出,请看下面的程序:

【例2-3】 数据溢出实例。

源程序

```c
#include<stdio.h>
int main()
{
    short a,b;          /*short类型存储范围:-32768~32767*/
    a=32767;
    b=32768;
    printf("a=%d,b=%d\n",a,b);
    return 0;
}
```

运行结果:

```
a=32767,b=-32768
```

请读者想一想,为什么b的值是-32768?

解析:整型数据在内存中是以二进制补码的形式存放的。正数的补码是原来的二进制形式,负数的补码是该数的绝对值的二进制按位取反再加1。正数的最高位是二进制位0,负数的最高位是二进制位1,例如:

```
12 的补码为：00001100
-12 的补码为：11110100
```

本例中，变量 b=32768，它的二进制补码为：1000000000000000，共 16 位，由于 short 类型数据在内存中占用 16 位，可以看出该数最高位是 1，在补码形式中，高位为 1 代表这个数是负数，而-32768 的补码形式为 1000000000000000。所以输出结果是-32768。

3. 实型变量

实型数据类型有 float 和 double 两种。单精度 float 和双精度 double 类型的主要区别是数据的精度、取值范围以及有效位数(有效位指精确位数)不同。实际上，实数在计算机中存储的是其近似值，精确程度与可存储的空间有关，存储空间越大精确度越高，有效位数也越多。float 有效位数大概 7~8 位，double 有效位数大概 15~16 位。这些指标一般与计算机系统和 C 语言编译系统有关。

注意：有效位数包括整数部分和小数部分。

【例 2-4】 实型数据的有效位。

源程序

```
#include<stdio.h>
int main()
{
    float x;
    double y;
    x=1234.56789;
    y=1234.56789;
    printf("x=%f\ny=%f\n",x,y);       /*输出变量 x、y 的值*/
    return 0;
}
```

运行结果：

```
x=1234.567871
y=1234.567890
```

从本例可以看出，将相同的双精度常量 1234.56789 分别赋值给 x,y 之后，x 是单精度类型，有效位数为 6~8 位，第 8 位之后的数字不精确；y 是双精度类型，有效位数为 15~16 位，故没有丢失数据精度。

4. 字符型变量

字符型变量用来存放一个字符，变量类型为 char。

注意：在 C 语言中，char 类型变量在计算机中存储的是 ASCII 码值，所以在一定范围内(0~127)字符型和整型可以交叉使用。例如 c='a'等价于 c=97，语句执行后，变量 c 中存储的是字符'a'的 ASCII 码值 97。

【例 2-5】 输出字符及其对应的 ASCII 码值。
源程序

```c
#include<stdio.h>
int main()
{
    int i='A',j;           /*字符常量给整型变量赋值*/
    char ch1='B',ch2;
    ch2=ch1+2;
    j=i+32;                /*大写变小写,j保存字符'a'*/
    printf("%d   %c\n",j,j);
    printf("%d   %c\n",ch2,ch2);
    return 0;
}
```

运行结果：

```
97   a
68   D
```

程序中，字符'A'赋给 int 型变量 i，实际上是把字符'A'的 ASCII 码值 65 给了 i；i+32 的值为 97，是字母'a'的 ASCII 码值，所以输出 j 时，以数字格式％d 形式输出是 97，以字符格式％c 形式输出是 a。

注意：因为大写字母和对应小写字母的 ASCII 码值相差 32，所以大小写字母之间的转换可以通过加(减)32 来实现，如大写字母＋32 就得到小写字母。

2.5 表达式

C 语言中最简单的表达式是常量、变量、函数调用。用运算符将常量、变量或函数调用连接起来的式子组成表达式。

一个表达式的结果是一个确定数据类型的数值。表达式求值按运算符的优先级和结合性规定的顺序进行。

C 语言的运算符按连接运算对象的个数可分为单目运算符(如"—"，求负运算符)、双目运算符(如"＊"，乘法运算符,)和三目运算符(如"？："，条件运算符)三种。

C 语言的运算符具有不同的优先级和结合性。在表达式中，各运算对象参与运算的先后顺序不仅要遵守运算符优先级别的规定，还要受运算符结合性的制约，以便确定是自左向右还是自右向左进行运算。常用的运算符如表 2-8 所示。

C 语言中有多种表达式和相应的运算符，包括算术表达式、赋值表达式、关系表达式、逻辑表达式、条件表达式和逗号表达式等。

表 2-8 常用运算符优先级和结合性

运算符种类	运算符	操作数	结合性	优先级
逻辑运算符	！（逻辑非）	单目	右结合	高
算术运算符	++、--、+(取正)、-(取负)			
	*、/、%	双目	左结合	
	+(加)、-(减)			
关系运算符	<、<=、>、>=	双目	左结合	
	==、!=			
逻辑运算符	&&			
	||			
	?:	三目	右结合	
赋值运算符	=、+=、-=、*=、/=、%=	双目		
逗号运算符	,	顺序运算	左结合	低

2.5.1 算术表达式

用算术运算符连接的表达式叫做算术表达式。算术运算符包括+（加）、-（减）、*、/、%、++、--、+(取正)、-(取负)等（参看表2-8）。

1. 优先级和结合性

计算表达式时，遵循"先乘除后加减"的原则，根据运算符优先级从高到低计算。例如 a+3*b-5，相当于 a+(3*b)-5。

相同优先级运算符计算时，按照结合性计算，例如计算表达式：a+b+c-8，+和-优先级相同，其结合性为左结合，即按照从左到右的顺序计算。

2. 除法运算

C 语言的+、-、*和数学中一样，但是除法和求余运算有细微差别。例如：

(1) 5/4 在 C 语言中结果为 1，数学运算为 1.25。在 C 语言运算中，常量 5、4 都是整型，运算结果也是整型，不会自动提高精度。

(2) 5/4.0 的结果是 1.25，其中一个运算对象是 double 类型数据则结果为 double 类型。

注意：运算结果的数据类型为表达式中精度最高的那一个，详细信息可参考 2.6 节"类型转换"。

3. 求余运算

%（求余运算符）是两个操作数相除后的余数，例如 21%3 的结果为 0，21%4 的结果为 1。

注意：求余运算符%的两个操作数必须都是整型，否则会出现编译错误。

4. 自增自减运算

++、−− 都是单目运算符,对单个变量进行加 1 或减 1 的运算。自增运算使运算变量自增 1,自减运算使变量自减 1。例如:i++ 或 ++i 相当于 i=i+1。

根据变量位于运算符前面或后面,分为以下两种:

(1) ++/−− 位于变量前面,称为前缀运算符,++i 和 −−i。

(2) ++/−− 位于变量后面,称为后缀运算符,如 i++ 和 i−−。

自增自减运算出现在表达式中,前缀和后缀计算需要符合一定的规则。例如:

```
int a=2,b,c;
b=a++;                          /*先赋值,后自增,相当于:b=a; a=a+1;*/
c=++a;                          /*先自增,后赋值,相当于:a=a+1; c=a;*/
printf("%d,%d,%d",a,b,c);       /*输出结果:4,2,4*/
```

前缀或后缀的运行规则可以总结为一句话:前缀先加(减),后缀后加(减)。

自增、自减运算符可以用于变量,但是不能用于常量和表达式,因为无法给常量和表达式进行赋值。例如表达式 ++3 和 (i+6)++ 都不是合法的表达式。

【例 2-6】 看看下面的代码,输出结果为多少。

源程序

```
#include<stdio.h>
int main()
{
    int a=3;
    printf("%d,",a++);       /*先输出 3,a 再自增*/
    printf("%d,",a);         /*输出 a 值 4*/
    printf("%d,",++a);       /*先自增,a 变为 5,再输出 5*/
    printf("%d\n",a);        /*输出 a 值 5*/
    return 0;
}
```

运行结果:

```
3,4,5,5
```

2.5.2 赋值表达式

1. 赋值运算符

"="是 C 语言的赋值运算符。在数学中,"="代表两个值的关系,而在 C 语言中,"="是一种运算,作用是将表达式结果赋值给变量。

2. 赋值表达式

赋值运算的基本形式为:

变量=表达式

赋值运算的过程是：
（1）计算右侧表达式的值。
（2）将右侧表达式的结果赋给左侧的变量。赋值时，右侧表达式的值转换为与左侧变量数据类型一致的值。例如：

```
int x;
x=3.5+9;              /*计算右侧加法表达式,12.5取整,转换为12,赋值给x*/
printf("%d", x);      /*输出结果:12*/
```

说明：赋值表达式首先运算右侧表达式的值 12.5，因为变量 x 是整型，仅能获取到 12.5 的整数部分。

3. 赋值表达式的值

整个赋值表达式的值为左侧变量的值。例如：

```
printf("%d", x=3.5+9);   /*输出结果:12*/
```

表达式 x=3.5+9 的值就是变量 x 的值。

在赋值表达式中，由于一个赋值表达式的值是其左侧变量的值，所以可以有连续赋值表达式，例如：

```
a=b=6-3;                 /*等价于 a=(b=6-3)*/
```

求解时，赋值运算遵循右结合特性，从右往左运算。首先计算表达式 b=6-3，再将该表达式的结果赋值给 a，实际结果使得 a，b 都被赋值为 3。

4. 复合赋值运算

将算术运算符和赋值运算符连在一起构成复合赋值运算符。复合赋值运算表达式写法简单，易于理解，如表 2-9 所示。

表 2-9 复合赋值运算符

运算符	实例	说明
+=	a+=b	相当于 a=a+(b)
-=	a-=b	相当于 a=a-(b)
*=	a*=b	相当于 a=a*(b)
/=	a/=b	相当于 a=a/(b)
%=	a%=b	相当于 a=a%(b)

注意：b 相当于一个表达式，整体和左侧变量进行运算。例如：

x*=y-9,相当于：x=x*(y-9)

【例 2-7】 经过下面运算，a 值为多少？

源程序

```c
#include<stdio.h>
int main()
{
    int a=3;
    a+=a*=a;          /* 等价于 a+=(a*=a) */
    printf("%d\n", a);
    return 0;
}
```

运行结果：

18

赋值运算为右结合属性，需要从右往左依次运算。所以上面的表达式运行顺序为：首先运行最右侧 a*=a，a 赋值为 9；然后运行左侧的 a+=a，最终 a 赋值为 18。

2.5.3 逗号表达式

在 C 语言中，逗号（,）也是一种运算符，称为逗号运算符，其功能是把两个表达式连接起来组成一个表达式，称为逗号表达式。

逗号表达式的一般形式为：

表达式 1，表达式 2，……

逗号表达式的求值过程是顺序运行表达式 1，表达式 2，……，并以最后一个表达式的值作为整个逗号表达式的值。例如：

```c
int a=9,b,c;
b=(a,a+1,a+2,a+3);  /* 逗号优先级比赋值低，为了避免先执行 b=a,逗号表达式需要加括号 */
c=(a=4,a++,a+b);
```

b 的值为最后一个表达式 a+3 的值 12。运算顺序为：依次运行表达式 a；a+1；a+2；a+3；最后表达式的值为 a+3。可以看出，前面几个表达式运行没有意义。

c 的值为 17。运算顺序为：先运行 a=4，然后运行 a++，这时 a 值为 5，再运行 a+b，将 a+b 的值 17 赋给 c。

【例 2-8】 阅读以下程序，写出运行结果。

源程序

```c
#include<stdio.h>
int main()
{
    int x,y=7;
    int z=4;
    x=(y=y+6,y/z);        /* 逗号表达式赋值 */
    printf("x=%d\n",x);
```

```
        x=50;
        y=(x=x-5, x/5) ;        /*逗号表达式赋值*/
        printf("y=%d\n",y);
        return 0;
}
```

运行结果：

```
x=3
y=9
```

本例中，逗号表达式(y=y+6,y/z)的值为第 2 个表达式 y/z 的值，而 y/z 中 y 的值由第 1 个表达式 y=y+6 决定，因此先计算 y=y+6，得出 y=13，再计算 y/z 的值为 3。逗号表达式 y=(x=x−5, x/5)，计算方法同理。

2.5.4 位运算

C 语言既具有高级语言的特点，又具有低级语言的功能特性，位运算本来属于汇编语言的功能，由于 C 语言最初是为了编写系统软件而设计的，所以它提供了很多类似于汇编语言的处理功能。

位运算是二进制位的运算，针对数据的每一个位进行运算。

表 2-10 列出了 C 语言的位运算符。

表 2-10 位运算符及结合性情况表

运算符	功能	优先级	结合性	操作数
~	按位取反	高 ↑ ↓ 低	从右向左	单目
<<、>>	左移、右移		从左向右	双目
&	按位与		从左向右	双目
^	按位异或		从左向右	双目
|	按位或		从左向右	双目

说明：

(1) 操作数只能是整型或字符型数据，不能是实型数据。

(2) 与逻辑运算不同，位运算结果可以是 0 和 1 以外的值。

下面分别介绍这几种运算符的使用：

1. 按位取反运算符

"~"是单目运算符，只有一个操作数，用来对一个二进制数按位取反，即 0 变 1，1 变 0，例如：

```
int a=12,b;
b=~a;
```

十进制数 12 的二进制数表示为 00001100(一个字节表示),~12 是对 12 按位取反。

$$\underline{(\sim)00001100}$$
$$11110011$$

因此~12 的值为十进制数-13。

2. 左移运算符

"<<"运算用于将一个整数的二进制位左移若干位。例如:

b=a<<3

将 a 的二进制位左移 3 位,右补 0,高位左移后溢出,不起作用,舍弃。若 a=10,即二进制数 00001010,左移 3 位后得到 01010000,即十进制数 80。

左移 1 位相当于该数乘以 2,左移 2 位相当于该数乘以 2^2=4,以此类推。上面的例子中,10<<3=80,相当于 10 * 2^3。但此结论只适用于该数左移时,被溢出舍弃的高位不包含 1 的情况。例如 107 的二进制格式为 01101011,左移 2 位,即 107<<2 之后,二进制数为 10101100,高位为 1,是一个负数。

左移比乘法运算快得多,有些 C 语言编译程序自动将乘 2 的运算用左移 1 位来实现,将 2^n 的幂运算处理为左移 n 位。

3. 右移运算符

">>"运算用于将一个整数的二进制位右移若干位。例如:

b=a>>2

将 a 的二进制位向右移动 2 位,移到右端的低位被舍弃。左边高位补 0 或 1 需要分两种情况:

(1) 无符号数和有符号正数,高位补 0。
(2) 有符号负数,高位为 1,根据所用的计算机系统决定。有的系统移入 0,有的移入 1。移入 0 的成为逻辑右移,即简单右移。移入 1 的成为算术右移。

VC++ 2010 和其他一些 C 语言编译系统采用的是算术位移,即符号位是 1 的左移入 1。

在进行右移运算时,则右移 1 位相当于除以 2,右移 2 位相当于除以 4,右移 3 位相当于除以 8,以此类推。因此,在实际应用中,经常利用右移运算来进行除以 2 的操作。

所以对 a 进行右移 2 位的运算后:
若原始 a=12,则右移位后 a 为 12/4=3。
若原始 a=18,结果为 18/4=4。

4. 按位与运算符

"&"是按位与运算符,与运算的作用是将参与运算的两个数据,按二进制位进行"与"运算。如果两个相应的二进制位都为 1,则结果为 1,否则为 0。

按位与运算组合及其运算结果如下:

0&0=0　　　　0&1=0　　　　1&0=0　　　　1&1=1

按位与和逻辑与不同,逻辑与结果仅为 1 或 0,而按位与结果不定,例如,10&7 并不等于 1,应该是按位与。

$$
\begin{array}{r}
10：00001010 \\
\&\ 7：00000111 \\
\hline
00000010
\end{array}
$$

因此,10&7 的结果为 2。如果参与运算的是负数,则以补码的形式参与运算,例如:-10&7:

$$
\begin{array}{r}
-10：11110110 \\
\&\ 7：00000111 \\
\hline
00000110
\end{array}
$$

结果为 6。

按位与运算有如下一些用途:

(1) 清零。如果想让一个数据某位清零,可以让该位与 0 进行与运算,即可达到清零的目的,例如,数据 01101001,和 0 进行与运算:

$$
\begin{array}{r}
01101001 \\
\&\ 00000000 \\
\hline
00000000
\end{array}
$$

(2) 保留某一位不变,可以让这一位与 1 进行与运算,即可保留该位不变。

例如,一个整数(假设有两个字节),想要保留低字节,只需用该整数和 0x00ff 进行按位与运算即可,若想保留高字节,则用该整数与 0xff00 进行按位与运算即可。

5. 按位异或运算符

"^"是按位异或运算符,按位异或运算的规则是:当两个操作数的对应位不相同,则结果为 1,否则为 0。也就是说,双目运算符"^"在两个被操作数间逐位进行比较,生成一个新的值。

按位异或运算组合及其运算结果如下:

0^0=0　　　　0^1=1　　　　1^0=1　　　　1^1=0

例如,若 x=0x17,y=0x06,求 x^y 的值。

$$
\begin{array}{r}
00010111 \\
\hat{}\ 00000110 \\
\hline
00010001
\end{array}
$$

即 x^y 的值为 0x11。

按位异或运算有如下一些用途:

(1) 与 1 异或,使特定位翻转。

假设有一个数 01111010,想使其低 4 位翻转,即 1 变 0,0 变 1,可以将其与 00001111 进行异或运算,即:

$$
\begin{array}{r}
01111010 \\
\hat{}\ 00001111 \\
\hline
01110101
\end{array}
$$

运算结果的低四位恰好是原数低四位的翻转。翻转的规律是：要想使哪几位翻转，就将原数哪几位与 1 异或即可。

（2）与 0 异或，保留原值。

例如 12^0＝12。

```
  00001100
^ 00000000
  --------
  00001100
```

因为原数中的 1 与 0 异或为 1，0 与 0 异或为 0，所以能够保留原数。所以，想要保留原数哪几位的值，只需与之异或的数据哪几位为 0 即可。

（3）交换两个值，不用临时变量。

例如：a＝3，即 00000011，b＝4，即 00000100。想将 a,b 的值交换，可以用下面的赋值语句实现：

a=a^b;
b=b^a;
a=a^b;

6. 按位或运算符

按位或的运算规则是：只要两个运算对象的对应位有一个是 1，则结果的对应位是 1，否则为 0。

按位或运算组合及其运算结果如下：

0|0=0   0|1=1   1|0=1   1|1=1

例如，若 x＝0x19，y＝0x06，求 x｜y 的值。

```
  00011001
| 00000110
  --------
  00011111
```

即 x|y 的值为 0x1F。

按位或有一些特殊的用途。

（1）按位或运算常用来对一个数据的某些位置 1。如果想将一个位置 1，就让这位和 1 进行或运算，即可达到置 1 的目的。例如，如果想使 a 的低字节全置 1，高字节保持原样，可采用表达式：a|0x00ff。如果想使 a 的高字节全置 1，低字节保持原样，可采用表达式：a|0xff00。

（2）保留某一位不变，想要保留某一位不变，可以使该位和 0 进行或运算。

【例 2-9】 从键盘输入两个整数 a、b 和一个位移位数 n，输出～a、a<<n、a>>n、!a、a&b、a^b 以及 a|b 的值。

源程序

```
#include<stdio.h>
int main()
{
```

```c
    int a,b,n;
    printf("\n请输入两个整数 a b:");
    scanf("%d%d",&a,&b);
    printf("请输入位移位数 n:");
    scanf("%d",&n);
    printf("~%d=%d\n",a,~a);              /*输出结果*/
    printf("!%d=%d\n",a,!a);
    printf("%d&%d=%d\n",a,b,a&b);
    printf("%d^%d=%d\n",a,b,a^b);
    printf("%d|%d=%d\n",a,b,a|b);
    printf("%d<<%d=%d\n",a,n,a<<n);
    printf("%d>>%d=%d\n",a,n,a>>n);
    return 0;
}
```

运行结果：

```
请输入两个整数 a b:52 13
请输入位移位数 n:3
~52=-53
!52=0
52&13=4
52^13=57
52|13=61
52<<3=416
52>>3=6
```

2.6 类型转换

C 语言运算时，不同数据类型的数据进行混合运算，要进行数据类型转换，数据转换成同一类型再计算。类型转换包括自动转换和强制类型转换两种。

2.6.1 自动转换

自动转换发生在不同类型的数据混合运算和赋值运算时，由编译系统自动完成。

1. 非赋值运算的类型转换

非赋值运算的自动转换规则如图 2-2 所示。图 2-2 中横向向左的箭头表示必定的转换，如 char 类型和 short 类型数据必定先转换为 int 类型，float 类型数据在运算时一律先转换成 double 类型，以提高运算精度（即使是两个 float 型数据相加，也先都转换成 double 型，然后再相加，但结果仍为 float 类型）。

图 2-2 中纵向的箭头表示当运算对象为不同类型数据运算时转换的方向。例如 int 类型与 double 类型数据进行运算，先将 int 型的数据转换成 double 型，然后在两个同类型

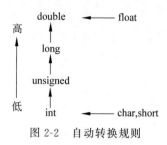

图 2-2　自动转换规则

（double 类型）数据间进行运算，结果为 double 类型。

假设有以下几个变量：

```
float f1=1.3;
int i=1;
double d1=6.6,d2=2;
char ch1=63;
```

下面的表达式这样计算：

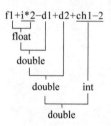

基本上，一个表达式的结果类型向该表达式中精度最高的数据类型看齐，例如表达式 f1＋i 中，精度最高的是 float 类型变量 f1，所以该表达式结果为 float 类型。

2．赋值运算时的类型转换

在赋值运算中，如果赋值运算符两边数据的类型不相同，则需要将"＝"右侧表达式结果转换为左侧变量类型。例如：

```
int x;
double y;
x=3.5;                /* x 值为 3 */
y=x+1;                /* y 值为 4.0 */
```

【例 2-10】 求三个整数的平均值（数据类型转换）。
源程序

```
#include<stdio.h>
int main()
{
    int a,b,c;
    double ave;
    a=10;b=4;c=18;
```

```
        ave=(a+b+c)/3.0;              /*必须除以 3.0,相除结果才是实数*/
        printf("ave=%f\n",ave);
        return 0;
}
```

运行结果:

```
ave=10.666667
```

本例中,若是使用(a+b+c)/3,则计算结果为整型,导致结果不精确,所以需要将表达式其中一个操作数改为实数,则相除的结果才能是实数。

2.6.2 强制类型转换

强制类型转换是通过类型转换运算来实现的,也称为显式类型转换。
其一般形式为:

(类型说明符) (表达式)

其功能是把表达式的运算结果强制转换成类型说明符所表示的类型。
例如:

```
(float) a                     /*把 a 的值转换为实型,a 仍旧是原来的类型不变*/
(int)(x+y)                    /*把 x+y 的结果转换为整型*/
```

此处(float)和(int)是强制类型转换运算符。
在使用强制转换时应注意以下问题:

(1) 类型说明符和表达式都必须加括号(单个变量可以不加括号),如把(int)(x+y)写成(int)x+y 则成了取 x 的整数部分与 y 相加。

(2) 强制转换不改变原来的变量数据。例如,若 a=3.56,计算 (int)a+6 时,不改变 a 的值,只是使用整数 3 和 6 相加。

【例 2-11】 强制类型转换举例。
源程序

```
#include<stdio.h>
int main()                           /*实数求余运算*/
{
    float a=16.2,b=3.9;
    int ys;
    ys=(int)a%(int)b;                /*取 a 的整数部分,和 b 的整数部分进行求余运算*/
    printf("%d\n",ys);
    printf("a=%f,b=%f\n",a,b);       /*验证输出 a,b,值并没有发生变化*/
    return 0;
}
```

运行结果:

```
1
a=16.200001, b=3.900000
```

在本例中,a、b 都是实型,不能参与求余运算,所以使用强制类型转换使用 a、b 的整数部分进行求余运算。

一、单项选择题

(1) 合法的字符常量是(　　)。
  A. '\t'　　　　　　B. "A"　　　　　　C. 'ab'　　　　　　D. '\832'

(2) C语言中的标识符只能由字母、数字和下画线三种字符组成,且第一个字符(　　)。
  A. 必须为字母
  B. 必须为下画线
  C. 必须为字母或下画线
  D. 可以是字母、数字和下画线中的任一字符

(3) 以下均是 C 语言的合法常量的选项是(　　)。
  A. 089、−026、0x123、e1
  B. 044、0x102、13e−3、−0.78
  C. −0x22d、06f、8e2.3、e
  D. .e7、0xffff、12%、2.5e1.2

(4) 以下变量 x、y、z 均为 double 类型且已正确赋值,不能正确表示数学式子 $x/(y*z)$ 的 C 语言表达式是(　　)。
  A. x/y*z　　　B. x*(1/(y*z))　　　C. x/y*1/z　　　D. x/y/z

(5) 设有说明:char c; int x; double z;则表达式 c*x+z 值的数据类型为(　　)。
  A. float　　　　　B. int　　　　　C. char　　　　　D. double

(6) 在 C 语言中,要求参加运算的数必须是整数的运算符是(　　)。
  A. /　　　　　　B. *　　　　　　C. %　　　　　　D. =

(7) 在 C 语言中,字符型数据在内存中以(　　)形式存放。
  A. 原码　　　　B. BCD 码　　　　C. 反码　　　　D. ASCII 码

(8) 下列程序的输出结果是(　　)。
```
int main()
{
    char c1=97,c2=98;
    printf("%d %c",c1,c2);
    return 0;
}
```
  A. 97　98　　　B. 97　b　　　C. a　98　　　D. a　b

(9) 与代数式 $(x*y)/(u*v)$ 不等价的 C 语言表达式是(　　)。
  A. x*y/u*v　　　B. x*y/u/v　　　C. x*y/(u*v)　　　D. x/(u*v)*y

(10) 以下数值中,正确的实型常量是( )。
   A. 1.5e3.6   B. e3.6   C. 8.9e−4   D. e−8
(11) 对于"char cx='\067';"语句,正确的是( )。
   A. 不合法   B. cx 的 ASCII 值是 55
   C. cx 的值为四个字符   D. cx 的值为三个字符
(12) 假定 x 和 y 为 double 型,则表达式 x=2,y=x+3/2 的值是( )。
   A. 3.500000   B. 3   C. 2.000000   D. 3.000000
(13) 已知大写字母 A 的 ASCII 码值是 65,小写字母 a 的 ASCII 码是 97,则用八进制表示的字符常量'\101'是( )。
   A. 字符 A   B. 字符 a   C. 字符 e   D. 非法的常量
(14) 以下合法的赋值语句是( )。
   A. x=y=100   B. d−−   C. x+y   D. c=int(a+b)
(15) 以下选项中不属于 C 语言的类型是( )。
   A. signed short int   B. unsigned long int
   C. unsigned int   D. long short
(16) 以下能正确定义变量 m、n,并且它们的值都为 4 的是( )。
   A. int m=n=4;   B. int m,n=4;
   C. m=4,n=4;   D. int m=4,n=4;
(17) 若变量均已正确定义并赋值,以下合法的 C 语言赋值语句是( )。
   A. x=y=5;   B. x=n%2.5;   C. x+n=i;   D. x=5=4+1;
(18) 若有定义语句"int x=12,y=8,z;",在其后执行语句"z=0.9+x/y;",则 z 的值为( )。
   A. 1.9   B. 1   C. 2   D. 2.4
(19) 在 VC 编译环境下,int、char 和 short 三种类型数据在内存中所占用的字节数分别为( )。
   A. 1 1 1   B. 2 1 4   C. 4 1 4   D. 4 1 2
(20) 下列数据中属于字符串常量的是( )。
   A. ABC   B. "ABC"   C. 'ABC'   D. 'A'
(21) 下列语句的输出结果是( )。

   printf("%d\n",(int)(2.5+3.0)/3);

   A. 有语法错误   B. 2   C. 1   D. 0
(22) C 语言的注释定界符是( )。
   A. { }   B. [ ]   C. * *\   D. /* */
(23) 下列选项中,合法的 C 语言关键字是( )。
   A. VAR   B. cher   C. integer   D. default
(24) 执行下列语句后变量 x 和 y 的值是( )。

   y=10;x=y++;

   A. x=10,y=10   B. x=11,y=11

C. x=10,y=11   D. x=11,y=10

(25) 下列语句的结果是(　　)。

```
int main()
{
    int j;
    j=3;
    printf("%d,",++j);
    printf("%d",j++);
    return 0;
}
```

　　A. 3,3　　　　　B. 3,4　　　　　C. 4,3　　　　　D. 4,4

(26) 若有定义"int a=7;float x=2.5,y=4.7;",则表达式 x+a%3*(int)(x+y)%2/4 的值是(　　)。

　　A. 2.500000　　B. 2.750000　　C. 3.500000　　D. 0.000000

(27) 以下选项中,与 k=n++完全等价的表达式是(　　)。

　　A. k=n,n=n+1　　　　　　　　B. n=n+1,k=n

　　C. k=++n　　　　　　　　　　D. k+=n+1

(28) 以下数值中,不正确的八进制数或十六进制数是(　　)。

　　A. 0x16　　　B. 016　　　C. −0168　　　D. 0xaaaa

(29) 以下选项中属于 C 语言的数据类型是(　　)。

　　A. 复数型　　B. 双精度型　　C. 逻辑型　　D. 集合型

(30) 以下程序的输出结果是(　　)。

```
int main()
{
    float x=3.6;
    int i;
    i=(int)x;
    printf("x=%f,i=%d\n",x,i);
    return 0;
}
```

　　A. x=3.600000,i=4　　　　　　B. x=3,i=3

　　C. x=3.600000,i=3　　　　　　D. x=3,i=3.600000

(31) 若有以下程序段,执行后的输出结果是(　　)。

```
int a=0, b=0, c=0;
c=(a-=a-5,a=b,b+3);
printf("%d,%d,%d\n",a,b,c);
```

　　A. 3,0,−10　　B. 0,0,3　　C. −10,3,−10　　D. 5,0,3

(32) 设 x,y 均为 int 型变量,且 x=8,y=3,则 printf("%d,%d\n",x−−,−−y)的输出结果是(　　)。

A. 8,3　　　　B. 7,3　　　　C. 7,2　　　　D. 8,2

(33) 若有代数式 3ae/(bc)，则不正确的 C 语言表达式是(　　)。

A. a/b/c*e*3　　　　　　　　B. 3*a*e/b/c
C. 3*a*e/b*c　　　　　　　　D. a*e/c/b*3

(34) 先用语句定义字符型变量 c，然后要将字符 a 赋给 c，则下列语句中正确的是(　　)。

A. c='a';　　　B. c="a";　　　C. c="97";　　　D. C='97'

(35) 下列变量说明语句中，正确的是(　　)。

A. char;a b c;　　B. char a;b;c;　　C. int x;z;　　D. int x,z;

(36) 表达式 18/4*sqrt(4.0)/8 值的数据类型为(　　)。

A. int　　　　B. float　　　　C. double　　　　D. 不确定

(37) 下面程序的输出是(　　)。

```
int main()
{
    int x=5,y=2;
    printf("%d\n",y=x/y+x%y);
    return 0;
}
```

A. 3.5　　　　B. 2　　　　C. 3　　　　D. 5

(38) 若有以下程序段，执行后的输出结果是(　　)。

```
int c1=1, c2=2, c3;
c3=c1/c2;
printf("%d\n",c3);
```

A. 0　　　　B. 1/2　　　　C. 0.5　　　　D. 1

(39) 执行下面程序后，输出结果是(　　)。

```
#include<stdio.h>
int main()
{
    int a;
    printf("%d\n",(a=3*5,a*4,a+5));
    return 0;
}
```

A. 65　　　　B. 20　　　　C. 15　　　　D. 10

二、阅读程序题

(1) 以下程序运行后的输出结果是：_____。

```
#include<stdio.h>
int main()
{
    int m=011,n=11;
```

```
        printf("%d %d\n",m,n+m);
        return 0;
}
```

(2) 已知字母 A 的 ASCII 码为 65。以下程序运行后的输出结果是：_____。

```
#include<stdio.h>
int main()
{
    char a, b;
    a='A'+'5'-'3'; b=a+'6'-'2';
    printf("%d %c\n", a, b);
    return 0;
}
```

第3章 简单程序设计

前面章节读者认识了C语言的诞生发展过程以及C语言的数据类型,对C语言有了初步的了解。C语言功能强大,既能够编写Windows、Linux这样的大型系统软件,也能够编写航天飞机、交通信号指示、电子商务等应用软件。

当然,读者现在还无法编写复杂的应用软件,但是编写航天飞机程序的设计者也是从零学起的。本章将从算法入手,学习程序流程控制以及数据的输入输出,带领读者编写简单的顺序结构程序。

3.1 算法

算法(Algorithm)是解决问题的有限步骤,它不依赖于某种程序的语言风格、语法规则等。生活中做任何事情都要按照一定顺序来操作,就像我们想喝水要先倒水一样,这是生活中的"算法","喝水"这个动作可以用下面的算法步骤完成:

(1) 走到厨房。
(2) 拿起水壶,倒水。
(3) 拿杯子喝水。
(4) 放下杯子。

可以看出,算法是按照一定次序、步骤完成的。解决计算机程序问题特别是一些复杂问题更需要制定详细、高效的算法,可以说,算法是程序设计的灵魂(Donald E. Knuth)。

3.1.1 算法的概念

不管使用什么程序语言,编程人员必须在程序中明确而详细地说明他们想让计算机做什么以及如何做。算法,简单来说是解决一个具体问题所采取的方法、步骤。在这里我们讲的算法是程序设计算法,即计算机能够执行的算法。可以通过以下几个重要的特征来衡量一个算法的正确性:

(1) 有穷性(Finiteness)。算法的有穷性是指算法必须能在执行有限个步骤之后终止。
(2) 确定性(Definiteness)。算法的每一步骤都是确定的,不能够有歧义。例如,如果 $x \geq 0$ 则输出 YES;如果 $x \leq 0$ 则输出 NO 这个算法存在歧义,因为在 $x=0$ 的情况下不知道应该输出什么。
(3) 有效性(Effectiveness)。算法中的每个步骤都能够执行,并得到确定的结果。

(4) 输入项(Input)。一个算法可以没有输入或有多个输入,根据问题初始条件而定。例如,计算 1~100 的累加和不需要输入,但是计算 1~n 的累加和需要一个输入项 n 才能计算。

(5) 输出项(Output)。一个算法有一个或多个输出,以反映对输入数据加工后的结果,没有输出的算法是毫无意义的。

一个算法的评价主要从时间复杂度和空间复杂度来考虑。时间和空间复杂度越低越好。例如,编程时尽量不要使用多重循环解决问题,这样会增加算法的时间复杂度。

3.1.2 算法的描述

描述一个算法,可以用不同的方法。常用的有自然语言、传统流程图、结构化流程图等。

1. 自然语言表示

自然语言就是人们日常生活中使用的语言,用自然语言表示算法,通俗易懂,例如本节开始的"喝水"算法。但自然语言文字冗长,容易出现"歧义性",表示的含义往往不太严谨,要根据上下文才能判断其正确含义。此外,用自然语言描述包含分支和循环的算法,很不方便。因此,除了很简单的问题以外,一般不用自然语言描述算法。

2. 传统流程图表示

流程图(Flow Chart)是一个描述程序的控制流程和指令执行情况的有向图,它是程序的一种比较直观的表示形式,美国国家标准化协会(American National Standard Institute, ANSI)规定了一些常用的流程图符号(如图 3-1 所示)。

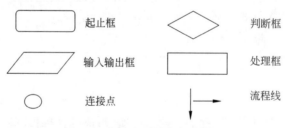

图 3-1 传统流程图中常用符号

用传统流程图描述算法的优点是形象直观,各种操作一目了然,不会产生"歧义性",便于理解,算法出错时容易发现,并可以直接转化为程序。但缺点是所占篇幅较大,由于允许使用流程线,过于灵活,不受约束,使用者可使流程任意转移,从而造成程序阅读和修改上的困难,不利于结构化程序设计。算法上难免会包含一些分支和循环,而不可能全部由一个个框顺序组成。为了解决这个问题,人们设想,规定出几种基本结构,然后由这些基本结构按一定规律组成一个算法结构,整个算法的结构是由上而下地将各个基本结构顺序排列起来的。如果能做到一点,算法的质量就能得到保证和提高。

1966 年,Bohra 和 Jacopini 提出了以下三种基本结构,作为表示一个良好算法的基本单元。

(1) 顺序结构,如图 3-2 所示,虚线框内是一个顺序结构。

(2) 分支结构,或称选取结构、选择结构,如图 3-3 所示。

它的功能是：从 a 点进入条件判断，如果 P 成立则执行分支语句块 A，否则执行分支语句块 B，运行完某一个分支语句块之后，从 b 点结束选择结构。

（3）循环结构，如图 3-4 所示。

它的功能是从 a 点进入循环判断，当给定的条件 P 成立时，执行语句块 A，执行完 A 后，再判断条件 P 是否成立，如果仍然成立，再执行语句块 A，如此反复执行语句块 A，直到某一次 P 条件不成立为止，此时不执行 A，而从 b 点结束本循环结构。

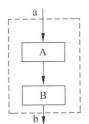
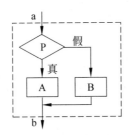
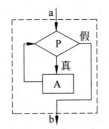

图 3-2　顺序结构流程图　　　　图 3-3　分支结构流程图　　　　图 3-4　循环结构流程图

3. N-S 结构化流程图表示算法

N-S 结构化流程图是 1973 年由美国学者 I.Nassi 和 B.Shneiderman 提出。N-S 就是以这两位学者的名字首字母命名的。它最显著的特点就是完全去掉了带箭头的流程线，这样算法被迫只能从上到下顺序执行，从而避免了算法流程的任意转向，保证了程序的质量。与传统的流程图相比，N-S 图的另一个优点就是既形象直观，画出来后又比较节省篇幅，尤其适用于结构化程序设计。

N-S 流程图用以下流程图符号表示程序的三种基本结构。

（1）顺序结构：如图 3-5 所示，A 和 B 两个框组成一个顺序结构。

（2）分支结构：如图 3-6 所示，当条件 P 成立时执行 A 操作，P 不成立则执行 B 操作。请注意图 3-6 是一个整体，代表一个基本结构。

（3）循环结构：如图 3-7 所示，表示当 P 条件成立时反复执行 A 操作，直到 P 条件不成立为止。

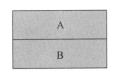
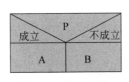

图 3-5　顺序结构　　　　图 3-6　分支结构　　　　图 3-7　循环结构

3.2　C 语言语句分类

C 程序的执行部分是由语句组成的。程序的功能也是通过执行语句实现的。C 语句可分为五类：表达式语句、函数调用语句、控制语句、复合语句和空语句，下面分别作详细说明：

1. 表达式语句

表达式语句由表达式加上分号(;)组成。一般形式为：

表达式；

执行表达式语句就是计算表达式的值。例如：

```
x=y+z;a=520;          //两条赋值语句
x+3;                  //加法运算语句,但计算结果不能保留,无实际意义
```

2. 函数调用语句

由函数名、实际参数加上分号";"组成。其一般形式为：

函数名(实际参数表)；

例如：

```
printf("%d%d%d\n",a,b,c);    /* 调用 printf 函数 */
sort(a);                      /* 调用用户自定义 sort 函数,参数为 a */
```

3. 控制语句

控制语句用于控制程序的流程,以实现程序的各种结构方式,它们由特定的语句定义符组成。C 语言有八种控制语句,可分成以下三类：

(1) 条件判断语句。

if 语句、switch 语句。

(2) 循环语句。

do-while 语句、while 语句和 for 语句。

(3) 转向语句。

break 语句、continue 语句、return 语句。

4. 复合语句

```
{
   ……/* 多条语句 */
}
```

把多个语句用括号{}括起来组成的语句组称为复合语句。在 C 语言语法上,把复合语句看成是一条语句,而不是多条语句,例如：

```
{
    x=y+z;
    a=b+c;
    printf("%d%d",x,a);
}
```

{}括起来的这三行代码作为一条复合语句处理。复合语句内的各条语句都必须以分号";"结尾。此外,在括号"}"外不能加分号。

5. 空语句

;

只有分号";"组成的语句称为空语句。空语句是什么也不执行的语句。在程序中空语句可用来作空循环体。

例如,"while(getchar()!='\n');"语句的功能是,只要从键盘输入的字符不是回车则重新输入。这里的循环体为空语句。

3.3 数据的输入和输出

C语言输入和输出数据通过函数来实现。前面的章节已经多次使用过输出函数,本节重点介绍不同数据类型的输入和输出格式。

3.3.1 库函数

C标准库提供了丰富的函数库,能完成常用的数学计算、字符串操作、字符操作、输入/输出等多种有用的操作(如前面讲过的 printf 函数、scanf 函数等),这些函数统称为标准库函数。它们由 C 编译系统提供,用户无须定义,也不必在程序中作函数声明,只需用♯include 命令将相应的头文件包含进来,就可以在自己的程序中直接调用这些库函数以实现相应的功能。

使用标准库函数既可以节省程序开发的时间,又可以使程序具有很好的可移植性,因此应尽可能多地熟悉和掌握 C 语言中的标准库函数。

1. 库函数的调用

在调用库函数时,必须弄清楚以下几点:
- 需要包含的头文件。
- 函数的功能和名称。
- 参数的个数和顺序,每个参数的意义和类型。
- 返回值的意义和类型。

例:计算 $e^{3.5}$,这是一个数学函数,头文件为 math.h,经查阅附录 C 可知使用 exp 函数,函数原型为:double exp(double x),表示函数有一个参数,类型为 double,代表指数;函数返回值为 double 类型,所以 $e^{3.5}$ 的函数调用为 exp(3.5)。

附录 C 中分类列出了常用的库函数,内容包括函数名、功能、函数原型、需要包含的头文件等,可供读者查阅。

2. 常用头文件

库函数在调用之前必须首先声明,而 C 语言提供了非常丰富的库函数,要想全部记住每个函数的原型是很困难的,为此,C 编译系统根据功能对库函数进行分类,把每类库函数的有关信息(包括声明)集中包含在一个头文件中,这样如果在程序中调用库函数,只要在程序的开头包含相应的头文件即可。

常用的头文件如下：

- stdio.h：标准输入输出函数的头文件。
- ctype.h：与字符相关的判断或处理函数的头文件。
- string.h：字符串处理函数的头文件。
- math.h：数学函数的头文件。
- graphics.h：图形模式的图形函数的头文件。
- stdlib.h：标准库头文件。

3.3.2 数据输入函数

与 printf 函数对应，scanf 函数用来提供系统输入数据。该函数也在 stdio.h 中声明。它的作用是运行程序时，通过键盘输入数据给变量赋值。其基本格式为：

scanf(格式控制字符串,&变量1,&变量2,……,&变量n);

格式控制字符串包含两种内容：格式控制符和普通字符。

（1）格式控制符：按指定的格式读入数据，它包含以%开头的格式控制符，与不同数据类型的变量一一对应。例如，int 类型变量使用%d，float 数据类型使用%f，double 类型数据使用%lf(这里的 l 是 long 的首字母，不是数字 1)。

（2）普通字符：输入数据时，需要将这些字符原样输入。为了简便，编程时应尽量避免包含普通字符。

例如：

scanf("a=%d",&a);

在运行输入时，需要输入：a=9，固定字符"a="需要原样输入，否则出现错误。

注意：格式控制符和变量列表的顺序、个数、类型必须一一对应。例如，给两个变量 a、b 通过输入赋值，其类型分别为 int 和 float，则输入时代码应这样写：

scanf("%d%f",&a,&b);   /* a 对应%d,b 对应%f */

3.3.3 整型数据的输入和输出

整数输入或输出格式控制符有%d、%u、%o 和%x，具体说明请见表 3-1。

表 3-1 整型数据输入或输出格式符

数据类型	输入输出形式		
	十进制	八进制	十六进制
int	%d	%o	%x
long	%ld	%lo	%lx
unsigned	%u	%o	%x
unsigned long	%lu	%lo	%lx

其实,在大部分的 C 语言编译器中,long 类型的输入输出格式符不需要加 l(long 的首字母),在用户看来,long 和 int 在输入输出、存储空间上基本没有区别。例如:

```
int a;
long b;
scanf("%d%d",&a,&b);          /*通过键盘输入两个数给 a,b 赋值,格式符都为%d*/
printf("a=%d,b=%d\n",a,b);    /*输出 a,b 的值,格式符都为%d*/
```

输出整数时,可以对输出宽度和左右对齐加以控制,规则如下:

(1) 在格式控制符前加入一个正整数 m,该整数右对齐,且最少占用 m 个字符位置,若整数位数大于 m 按实际位数输出。例如:

```
printf("%6d,%d,%3d\n",10,10,10000);    /*输出结果:    10,10,10000*/
```

第一个数据以%6d 格式输出整数 10,该数字占 2 个字符位置,左边补了 4 个空格。

(2) 在格式控制符加一个负整数,则整数左对齐输出,例如:

```
printf("%-6d,%d,%x\n",10,10,10);    /*输出结果:10    ,10,a*/
```

第一个数据以%-6d 格式输出整数 10,"-"表示数字左对齐,右边补了 4 个空格。

3.3.4 实型数据的输入和输出

实型数据格式控制符说明如表 3-2 所示。

表 3-2 实型数据输入或输出格式控制符

函数	数据类型	格式符	说明
printf	float	%f,%e,%g	%f:以小数形式输出,保留 6 位小数
	double		%e:以指数形式输出,小数点前有且仅有一位非零数字
			%g:由系统选择较短的格式输出,不输出小数尾数 0
scanf	float	%f,%e	%f:以小数形式输入一个单精度浮点数
			%e:以指数形式输入一个单精度浮点数
	double	%lf,%le	%lf:以小数形式输入一个双精度浮点数
			%le:以指数形式输入一个双精度浮点数

输出单精度或双精度浮点数都可以使用格式符%f 正确输出,但是使用 scanf 输入不同精度数据时,double 类型的变量需要使用%lf(f 前必须加 long 的首字母 l)。例如:

```
float a;
double b;
scanf("%f %lf",&a,&b);       /*b 是 double 类型,必须使用%lf 格式输入,否则运行出错*/
printf("%f,%f\n",a,b);       /*a,b 都可以用%f 格式输出*/
```

在输出浮点数时,通过在格式符前加入 m.n 可以指定控制输出宽度为 m,并且保留 n 位小数。若实际的位数小于 m,则左边补空格,若大于 m,按实际位数输出。例如:

```
double d=3.1415926;
printf("%f,%e\n",d,d);       /*输出结果:3.141593,3.141593e+000*/
```

```
    printf("%6.2f,%.3f,%.8f\n",d,d,d);         /*输出结果:3.14,3.142,3.14159260*/
```

输出 d 的值时,%6.2f 输出:3.14(左补 2 个空格,数字和小数点占据 4 个字符位置),%.3f 保留 3 位小数,按实际位数,左右两侧都没有空格输出:3.142,%.8f 保留 8 位小数输出:3.14159260。

3.3.5 字符型数据的输入和输出

字符型数据输入和输出常用函数为 getchar、putchar、scanf 和 printf。与 printf、scanf 不同的是,getchar、putchar 函数一次只能输入或输出一个字符。

1. printf 函数与 scanf 函数

使用 printf 函数与 scanf 函数的格式控制符为:%c。例如:

```
    scanf("%c%c%c",&a,&b,&c);            /*输入三个字符,分别赋值给变量a,b,c*/
```

运行该行代码时,注意三个字符中间不能有空格或逗号间隔,因为空格和逗号也会作为字符赋值给字符变量。

```
    printf("%c,%c\n", 'a', 'a'+1);       /*输出结果:a,b*/
```

2. putchar 函数

putchar 函数是字符输出函数,其功能是在显示器上输出单个字符。其一般形式为:

```
    putchar(字符数据);
```

这里字符数据指一个字符型或整型表达式,因为字符数据的 ASCII 码值范围是 0～127,所以若函数参数是整型数据,则这个整数也必须在这个范围内才能正确输出对应的字符。例如:

```
    putchar('A');          /*输出大写字母 A*/
    putchar('\n');         /*回车换行*/
    putchar(78);           /*输出 ASCII 码值是 78 的字符*/
```

【例 3-1】 putchar 函数使用示例。
源程序

```c
#include<stdio.h>
int main()
{
    int c=65;
    char a='B';
    putchar(c);
    putchar('\n');
    printf("%c %c\n",c,a+2);
    return 0;
}
```

运行结果：

```
A
A D
```

3. getchar 函数

getchar 函数的功能是从键盘上输入单个字符。其一般形式为：

变量=getchar();

通常把输入的字符赋予一个字符变量，构成赋值语句，例如：

```
char c;
c=getchar();
```

注意：getchar 函数只能接收单个字符，输入数字也按字符处理。输入多于一个字符时，只接收第一个字符。

【**例 3-2**】 getchar 函数使用示例。

源程序

```
#include<stdio.h>
int main()
{
    char c;
    printf("input a character:");
    c=getchar();
    putchar(c);
    return 0;
}
```

运行结果：

```
input a character:A↙
A
```

【**练习 3-1**】 输入一个大写字符，输出对应的小写字符。

3.4 顺序结构程序设计

顺序结构（Sequential Structure）是最简单的 C 语言程序结构，在程序执行中，一个操作完成后接着执行跟随其后的下一个操作。顺序结构的程序基本上是由函数调用语句和赋值语句构成。

下面给出几个经典顺序结构程序实例，读者可以通过在编译器中单步运行程序，理解程序运行流程，观察每行代码运行结果，学习独立编写程序。

例 3-3

【例 3-3】 从键盘输入一个三位数,获取其个位、十位和百位的值。

源程序

```c
#include<stdio.h>
int main()
{
    int a;                          /*存储一个三位整数*/
    int gw,sw,bw;                   /*个位、十位、百位数*/
    scanf("%d",&a);                 /*从键盘输入一个整数赋值给a*/
    gw=a%10;                        /*获取a的个位数*/
    sw=a/10%10;                     /*获取a的十位数*/
    bw=a/100;                       /*获取a的百位数*/
    printf("a=%d\n",a);
    printf("%d,%d,%d\n",gw,sw,bw);  /*输出结果*/
    return 0;
}
```

运行结果:

```
123↙
a=123
3,2,1
```

本例中,用户需要控制输入的是一个 3 位整数,(而不是 2 位、4 位等)否则运行结果会有错误。以后学习了分支结构,可以对输入的整数进行判断之后再运算,让程序更具有健壮性。

【例 3-4】 从键盘输入身高(米),体重(千克),计算肥胖指数并输出。计算公式:肥胖指数=体重/身高^2。

源程序

```c
#include<stdio.h>
int main()
{
    double h,w,k;
    printf("请输入身高(米):");
    scanf("%lf",&h);                /*h是double型,需要使用%lf格式*/
    printf("请输入体重(千克):");
    scanf("%lf",&w);                /*w是double型,需要使用%lf格式*/
    k=w/h/h;                        /*若k=w/h*h,结果会怎样?*/
    printf("肥胖指数为 %g\n",k);
    return 0;
}
```

运行结果:

```
请输入身高(米):1.72✓
请输入体重(千克):75✓
肥胖指数为 25.3515
```

本例中,需要根据实际情况确定身高、体重的变量类型,并体会顺序结构程序运行的流程。

【例 3-5】 输入三个实数,输出它们的和以及平均数。
源程序

```
#include<stdio.h>
int main()
{
    float a,b,c;
    float sum=0;
    printf("请输入三个实数(逗号间隔):");
    scanf("%f,%f,%f",&a,&b,&c);
    sum=a+b+c;
    printf("和=%g    平均值=%g\n",sum,sum/3);
    return 0;
}
```

运行结果:

```
请输入三个实数(逗号间隔):4.5,67.9,10.2
和=82.6    平均值=27.5333
```

注意:由于 scanf 函数格式控制符有逗号间隔,则运行输入数据时也必须用逗号间隔,而且中英文逗号和代码一致,否则出错。

这里使用%g 格式输出数据,避免了无意义的零。

【例 3-6】 输入三角形三边长,求三角形面积(为简单起见,设输入的三边长能构成三角形)。

提示:求三角形面积公式为:$\sqrt{s(s-a)(s-b)(s-c)}$,其中 a、b、c 为三角形的三个边长,$s=(a+b+c)/2$。

源程序

```
#include<stdio.h>
#include<math.h>
int main()
{
    float a,b,c,s,area;
    printf("请输入三角形的三条边的长度,以逗号间隔:");
    scanf("%f,%f,%f",&a,&b,&c);
    s=1.0/2*(a+b+c);
    area=sqrt(s*(s-a)*(s-b)*(s-c));        /* sqrt(x)函数用于求 x 平方根 */
    printf("a=%7.2f,b=%7.2f,c=%7.2f,s=%7.2f\n",a,b,c,s);
```

```
        printf("area=%7.2f\n",area);
        return 0;
}
```

运行结果：

```
请输入三角形的三条边的长度,以逗号间隔：3,4,6↙
a=   3.00,b=   4.00,c=   6.00,s=   6.50
area=   5.33
```

一、单项选择题(题目中□表示空格。)

(1) 若有语句"int a,b,c;",则下面输入语句正确的是(　　)。

  A. scanf("　%D%D%D",a, b, c);　　B. scanf("%d%d%d",a,b,c);

  C. scanf("%d%d%d",&a,&b,&c);　　D. scanf("%D%D%D",&a,&b,&c);

(2) 有以下程序

```
int main()
{
    int a=10,b=20;
    printf("a+b=%d\n",a+b);         /*输出计算结果*/
    return 0;
}
```

程序运行后的输出结果是(　　)。

  A. a+b=10　　　B. a+b=30　　　C. 30　　　D. 出错

(3) 以下程序段的输出结果是(　　)。

```
int a=1234;
printf("%3d\n",a);
```

  A. 1234　　　　　　　　　　　　B. 123

  C. 34　　　　　　　　　　　　　D. 提示出错,无结果

(4) 设变量均已正确定义,若要通过"scanf("%d%c%d%c",&a1,&c1,&a2,&c2);"语句为变量 a1 和 a2 赋数值 10 和 20,为变量 c1 和 c2 赋字符 X 和 Y。以下所示的输入形式中正确的是(　　)。

  A. 10□X□20□Y↙　　　　　　B. 10X20Y↙

  C. 10□X↙　　　　　　　　　　D. 10X↙
   20□Y↙　　　　　　　　　　　20□Y↙

(5) 已知字符'A'的 ASCII 代码值是 65,字符变量 c1 的值是'A',c2 的值是'D'。执行语句"printf("%d,%d",c1,c2-2);"后,输出结果是(　　)。

  A. A,B　　　B. A,68　　　C. 65,66　　　D. 65,68

(6) 若有如下语句:

```
int a;
float b;
```

以下能正确输入数据的语句是(　　)。

　　A. scanf("%d%6.2f",&a,&b);　　　　B. scanf(" %c%f",&a,&b);
　　C. scanf("%d%f",&a,&b);　　　　　　D. scanf(" %d%d",&a,&b);

(7) 有如下语句：

```
int k1,k2;
scanf("%d,%d",&k1,&k2);
```

要给 k2、k2 分别赋值 12 和 34，从键盘输数据的格式应该是(　　)。

　　A. 12□□34　　B. 12,34　　C. 12□□,34　　D. %12,%34

(8) 有如下语句：

```
int m=546, n=765;
printf(" m=%5d,n=%6d",m,n);
```

则输出的结果是(　　)。

　　A. m=546,n=765　　　　　　　　B. m=546□□,n=□□□765
　　C. m=%546,n=%765　　　　　　　D. m=□□546,n=□□□765

(9) 有如下程序，这样输入数据 25,12,14↙ 之后，输出结果是(　　)。

```
#include<stdio.h>
int main()
{
    int x,y,z;
    scanf(" %d%d%d",&x,&y,&z);
    printf(" x+y+z=%d\n",x+y+z);
    return 0;
}
```

　　A. x+y+z=51　　B. x+y+z=41　　C. x+y+z=60　　D. 不确定值

(10) 有以下语句：

```
char c1,c2;
c1=getchar(); c2=getchar();
putchar(c1);putchar(c2);
```

若输入为：a,b↙,则输出为(　　)。

　　A. a,　　　　　B. a,b　　　　　C. b,a　　　　　D. b,

(11) 有定义"int d;double f;"要正确输入,应使用的语句是(　　)。

　　A. scanf("%ld%lf",&d,&f);　　　　B. scanf("%ld%ld",&d,&f);
　　C. scanf("%ld%f",&d,&f);　　　　 D. scanf("%d%lf",&d,&f);

(12) 根据题目中已给出的数据的输入和输出形式,程序中输入输出的语句的正确内容是(　　)。

```
#include<stdio.h>
int main()
{
    int x;float y;
    printf("enter x,y:");
    /*此处为输入和输出语句*/
    return 0;
}
```

输入为:2□3.4 输出为:x+y=5.40。

A. scanf("%d,%f",&x,&y);
   printf("\nx+y=4.2f",x+y);

B. scanf("%d%f",&x,&y);
   printf("\nx+y=%.2f",x+y);

C. scanf("%d%f",&x,&y);
   printf("\nx+y=%6.1f",x+y);

D. scanf("%d%3.1f",&x,&y);
   printf("\nx+y=%4.2f",x+y);

(13) 已知 i,j,k 为 int 型变量,若从键盘输入:1,2,3<回车>,使 i 的值为 1,j 的值为 2,k 的值为 3,以下选项中正确的输入语句是(   )。

A. scanf("%2d%2d%2d",&i,&j,&k);
B. scanf("%d %d %d",&i,&j,&k);
C. scanf("%d,%d,%d",&i,&j,&k);
D. scanf("i=%d,j=%d,k=%d",&i,&j,&k);

(14) 已知"int a,b;",用语句"scanf("%d%d",&a,&b);"输入 a、b 的值时,不能作为输入数据分隔符的是(   )。

A. ,   B. 空格   C. 回车   D. [Tab]键

(15) 以下程序不用第三个变量,实现将两个数进行对调的操作,请填空(   )。

```
#include<stdio.h>
int main()
{
    int a,b;
    scanf("%d%d",&a,&b);
    printf("a=%d b=%d",a,b);
    a=a+b;b=a-b;a=_____;
    printf("a=%d b=%d\n",a,b);
    return 0;
}
```

A. a=b   B. a−b   C. b*a   D. a/b

(16) 下列程序段的输出结果为(   )。

```
float x=213.82631;
```

```
        printf("%3d",(int)x);
```
   A. 213.82   B. 213.83   C. 213   D. 3.8

(17) 设变量定义为"int a,b;",执行下列语句时,输入(　　　),则 a 和 b 的值都是 10。

```
        scanf("a=%d, b=%d",&a, &b);
```
   A. 10 10   B. 10,10   C. a=10 b=10   D. a=10,b=10

二、阅读程序题

(1) 以下程序运行时若从键盘输入：10 20 30↙。输出结果是：_____。

```
#include<stdio.h>
int main()
{
    int i=0,j=0,k=0;
    scanf("%d%d%d",&i,&j,&k);
    printf("%d%d%d\n",i,j,k);
    return 0;
}
```

(2) 以下程序运行后的输出结果是_____。

```
#include<stdio.h>
int main()
{
    int x=0210;
    printf("%x\n",x);
    return 0;
}
```

三、程序设计题

(1) 从键盘上输入两个浮点数,计算和、差、积、商,将结果保留两位小数输出。

(2) 使用 printf 函数编写程序,运行时显示如图 3-8 所示界面。

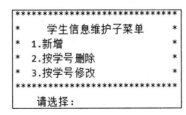

图 3-8　程序界面

(3) 从键盘输入两个字符,并输出它们的后序字符。例如:输入 aP,输出 bQ。

第 4 章 分支结构程序设计

编写简单程序时,通常采用顺序结构程序设计方法,即按照代码的书写顺序从上到下依次执行程序语句。但在很多实际问题中,常常需要根据不同的情况或条件来选择执行不同的程序段,这就是本章所要介绍的分支结构(又称选择结构),它是程序设计的三种基本结构之一。

分支结构中需要使用关系表达式或逻辑表达式来描述判断条件,包括单分支结构、双分支结构和多分支结构三种。在 C 语言中,可以使用 if 语句、if-else 语句、else if 语句和 switch 语句实现三种分支结构的程序编写。

4.1 关系运算符与关系表达式

所谓"关系运算"实际上就是"比较运算",即将两个数据进行比较,判定两个数据是否符合给定的关系。关系运算的结果是一个逻辑值,即只有"真"或"假"两种结果。

例如:1>0 的结果是"真",1<0 的结果是"假"。其中">""<"是关系运算符。

C 语言没有逻辑型数据,对于逻辑值"真"和"假",C 语言采用整型数据 1 和 0 来表示。因此,上述例子中 1>0 的结果是 1,同理 1<0 的结果是 0。

4.1.1 关系运算符

C 语言提供了 6 种关系运算符,如表 4-1 所示。

表 4-1 关系运算符

关系运算符	举 例	含 义
<	x<y	x 小于 y
>	x>y	x 大于 y
<=	x<=y	x 小于或等于 y
>=	x>=y	x 大于或等于 y
==	x==y	x 等于 y
!=	x!=y	x 不等于 y

表 4-1 中,前 4 种运算符(>,<,>=,<=)的优先级相同,后两种运算符(==,!=)

的优先级相同,且前 4 种运算符的优先级高于后两种运算符。

结合之前学习过的算术运算符和赋值运算符,这三种运算符的优先级顺序由高到低是:

算术运算符→关系运算符→赋值运算符。

下面来看几个关于优先级的例子:

x>y+1　等价于　x>(y+1)

a=b>c　等价于　a=(b>c)

在六种关系运算符中,初学者最难掌握的是"=="运算符,很容易与之前学习过的赋值运算符"="混淆。

赋值运算符的功能是,将"="右边的数值赋值给"="左边的变量。赋值运算符只起到给变量赋值的作用,不具有判断相等的功能。例如,赋值表达式 x=5 的作用是将常量 5 赋值给变量 x,赋值后整个赋值表达式的值也是 5。若要判断变量 x 的值是否等于 5,则必须使用关系运算符"=="。若 x=5,则表达式 x==5 的结果为 1,否则结果为 0。

注意:在书写关系运算符>=、<=、==和!=时,不能在两个符号中间插入空格。

4.1.2　关系表达式

用关系运算符将常量、变量或表达式连接起来的式子称为关系表达式。关系表达式通常用来描述一个条件,条件的判断结果只有真或假。若关系表达式的值是真则说明条件成立,否则说明条件不成立。

例如:a<3,a+b>b+c,a<b<c,b!='A',a==b 均是合法的关系表达式。

注意:在计算表达式 a<b<c 时,先计算 a<b 的值(结果只能是 1 或 0),再用 a<b 的结果和 c 比较。假设 a=5,b=4,c=3,貌似 a<b<c 的值是 0,但正确的计算结果是 1。另外,关系表达式中的字符型数据,需要转换为对应的 ASCII 码值再进行比较。

关系表达式的写法十分灵活,其中用关系运算符连接的表达式可以是算术表达式、关系表达式、赋值表达式等。

C 语言将非 0 数值判断为真,0 判断为假。使得任何类型的 C 语言表达式都可以作为判断条件。例如:判断 x 是否为奇数,可以有以下三种条件写法:

(1) x%2==1

(2) x%2!=0

(3) x%2

第一种写法,先计算 x%2 的值(x 对 2 求余数),若 x 是奇数则余数为 1,否则余数为 0,再判断求余结果是否等于 1;第二种写法,判断求余的结果是否不等于 0;第三种写法,只需使用算术表达式 x%2,因为 C 语言将非 0 数值判断为真,0 判断为假,所以 x%2 的计算结果只有 1 或 0 两个数值,恰好对应了逻辑值真和假。

4.2　逻辑运算符与逻辑表达式

关系表达式主要用来描述简单的判断条件,如 x>1000、a!=b、x<=y 等。对于复杂的判断条件,需要和逻辑运算符配合使用。如果想要表示 x∈[5,20]这样的值域区间,关系

表达式 5＜=x＜=20 是错误的条件写法。因为,无论 x 为何值都要先计算表达式 5＜=x,而计算结果只有 0(假)或 1(真)两种,不论是 0＜=20 还是 1＜=20,整个关系表达式的值都是 1(真)。这就意味着,无论 x 是否在[5,20]值域区间内,条件的判断结果都是真。正确的写法是 x＞=5&&x＜=20。这个例子说明了关系运算的局限性和使用逻辑运算的必要性。

4.2.1 逻辑运算符

逻辑运算也称为布尔运算,C 语言提供了三种逻辑运算符,如表 4-2 所示。

表 4-2 逻辑运算符

逻辑运算符	含 义	举 例
&&	逻辑与	a&&b
||	逻辑或	a||b
!	逻辑非	!a

表 4-2 所示 3 种逻辑运算符中,逻辑非"!"的优先级最高,逻辑与"&&"次之,逻辑或"\|\|"最低。

结合之前学习过的算术运算符、赋值运算符和关系运算符,这四种运算符的优先级顺序由高到低是:!→算术运算符→关系运算符→&&→\|\|→赋值运算符。

逻辑与"&&"和逻辑或"\|\|"是双目运算符,逻辑非"!"是单目运算符。同关系运算一样,逻辑运算的结果也只有真或假两种取值。逻辑运算的计算规则如表 4-3 所示。

表 4-3 逻辑运算规则表

a	b	!a	a&&b	a||b
假	假	真	假	假
真	假	假	假	真
假	真	真	假	真
真	真	假	真	真

通过表 4-3 可以看出,逻辑与运算的特点是,仅当两个操作数都为真时,计算结果才是真,只要有一个操作数是假,则计算结果就为假。因此,表示两个条件必须同时成立时,需要使用逻辑与运算符连接这两个条件。

逻辑或运算的特点是,仅当两个操作数都为假时,计算结果才是假,只要有一个操作数是真,则计算结果就为真。因此,表示两个条件任意一个成立即可时,需要使用逻辑或运算符连接这两个条件。

逻辑非运算的特点是,当操作数为真时,计算结果是假,反之则为真。因此,表示一个条件的相反条件成立时,需要使用逻辑非运算符连接这个条件。

注意:C 语言将非 0 数值判断为真,0 判断为假。例如 5&&-3 的值为 1,因为操作数 5 和-3 均是非 0 数值,所以 C 语言将其均判断为真。

4.2.2 逻辑表达式

逻辑表达式是指用逻辑运算符将常量、变量或表达式连接起来的式子。逻辑运算符所连接的表达式不一定拘泥于关系表达式，也可以是算术表达式、逻辑表达式等。在 C 语言中，使用逻辑表达式表示复杂的组合条件。

以下均是合法的逻辑表达式：

(1) a<b&&a<c

(2) x>='a'&&x<='z'

(3) k<0||k>100

提示：复杂的逻辑表达式中，往往需要使用多种运算符混合计算，若无法记忆不同种类运算符的优先级顺序，推荐使用小括号将复杂条件中可分解的简单条件括起来，以明确表达式的计算顺序。

对于本节开头所提到的，如何表示 x∈[5,20]这样的值域区间，单纯使用关系运算符是无法表示的，必须结合逻辑运算符才可以正确表示。正确条件写法为 x>=5&&x<=20，即当 x>=5 和 x<=20 两个条件同时成立时，才能说明 x 处于[5,20]值域区间内。

同理，若判断字符变量 y 是英文大写字母，条件表达式不能写成'A'<=y<='Z'，正确的写法是 y>='A'&&y<='Z'或者 y>=65&&y<=90(65 和 90 分别为大写字母 A 和 Z 的 ASCII 码值)。

在熟练掌握关系运算符和逻辑运算符后，可以巧妙地使用逻辑表达式表示一个复杂的条件。例如，判断闰年需满足下列两个条件之一：

(1) 年份能被 4 整除、但不能被 100 整除。

(2) 年份能被 400 整除。

假设年份变量为 year，则闰年的判断条件可以表示为：

year%4==0&&year%100!=0||year%400==0

若对逻辑表达式中各种运算符的优先级掌握不熟练，可以使用小括号将复杂条件中可分解的简单条件括起来，改写后的表达式是：

(year%4==0)&&(year%100!=0)||(year%400==0)

下面介绍逻辑运算符的一个重要特性：短路原则。在计算含有逻辑与"&&"运算和逻辑或"||"运算的表达式时，只要能够提前确定表达式的结果是真或假，求值的过程就停止了，我们把这样的逻辑计算过程称为短路求值。

例如，逻辑表达式(m=a>b)&&(n=c<d)，当 m=a>b 的值为假时，可以提前确定整个逻辑表达式的值就是假，所以 n=c<d 就不需要计算了；当 m=a>b 的值为真时，必须计算出 n=c<d 结果才能确定整个表达式的值是真还是假。

假设 a=1、b=2、c=3、d=0、m=4、n=5，则逻辑表达式(m=a>b)&&(n=c<d)的计算顺序是：先计算 a>b 的值是假，则 m 值为 0，根据短路原则，假与任何值做逻辑与"&&"运算结果都是假，因此 n=c<d 不计算，n 的值没有变化依旧是 5。

4.3 if 语句

在编写 C 程序时,常常需要对条件进行判断,根据判断结果(真或假)选择需要执行的程序分支,这种情况就可以使用 if 语句。C 语言提供了单分支结构 if 语句、双分支结构 if-else 语句,以及多分支结构 else if 语句。下面分别介绍三种分支结构 if 语句。

4.3.1 单分支结构 if 语句

1. 一般形式

```
if(表达式)
    语句
```

2. 执行过程

先计算表达式的值,若值为真则执行语句,否则不做任何操作,直接执行 if 语句后面的语句。单分支结构 if 语句的执行流程如图 4-1 所示。

简单示例如下:

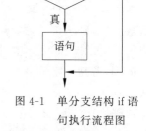

图 4-1 单分支结构 if 语句执行流程图

```
if(grade>=60)
    printf("Passed!\n");        /*若 grade 大于等于 60,输出 Passed! */
```

再如:

```
if(grade>100||grade<0)
    printf("Input Error!\n");   /*若 grade 大于 100 或小于 0,输出 Input Error! */
```

3. 说明

(1) 一般来讲,if 中的分支语句建议缩进书写。这样可以使程序结构层次清晰,提高程序可读性的同时也有利于发现和修改程序错误。

(2) 表达式可以是算术表达式、关系表达式、逻辑表达式、赋值表达式等,也可以是常量。例如:

```
if(-1)
  printf("*****");
```

上述程序中表达式的值为-1,-1 为非 0 数值所以条件为真,执行 printf 语句后屏幕上输出"*****"。若将-1 改为 0 则条件为假不执行 printf 语句。

(3) 单分支结构中的"语句"只允许是一条语句,若需要使用多条语句,则必须用大括号{}把多条语句括起来组成复合语句。因为复合语句在逻辑上被视为一条语句。不写{}或许程序能够编译通过,但由于程序存在严重的逻辑错误,会导致无法输出正确结果。请看如下程序:

```
#include<stdio.h>
int main()
{
    int grade;
    scanf("%d",&grade);
    if(grade<60)
    {
        printf("Failed!\n");
        printf("You must take this course again!\n");
    }
    return 0;
}
```

上述程序中,当 if 条件成立时需要执行两条 printf 语句,因此必须将两条 printf 语句用大括号括起来组成复合语句。当输入任意小于 60 分的成绩时,屏幕上会输出:

```
Failed!
You must take this course again!
```

【思考题】 上述程序中,为什么不使用复合语句形式时,无论输入任何成绩,程序运行后屏幕上都会输出"You must take this course again!"?

【例 4-1】 判断两个数 a 和 b 的关系。程序运行流程如图 4-2 所示。

分析:两个数之间的关系有大于、小于和等于三种。利用三个单分支结构 if 语句,分别判断三种关系。虽然使用了三个单分支 if 语句,但对于确定的两个数而言,只有一个 if 语句会被执行。

源程序

```
#include<stdio.h>
int main()
{
    int a,b;
    printf("\n Input two numbers: ");
    scanf("%d,%d",&a,&b);
    if(a>b)
        printf("%d>%d\n ",a,b);
    if(a<b)
        printf("%d<%d\n ",a,b);
    if(a==b)
        printf("%d=%d\n ",a,b);
    return 0;
}
```

运行结果:

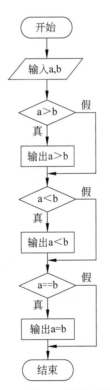

图 4-2 例 4-1 程序流程图

```
Input two numbers: 5,6↙
5<6
```

4.3.2 双分支结构 if-else 语句

1. 一般形式

```
if(表达式)
    语句 1
else
    语句 2
```

2. 执行过程

先计算表达式的值,若值为真执行语句 1,否则执行语句 2。可见,双分支结构中的语句 1 和语句 2 只会有一条语句被执行。双分支结构 if-else 语句的执行流程如图 4-3 所示。

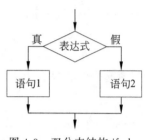

图 4-3 双分支结构 if-else 语句执行流程图

简单示例如下:

```
if(grade>=60)
    printf("Passed!\n");        /*若 grade 大于等于 60 分,输出 Passed!*/
else
    printf("Failed!\n");        /*若 grade 小于 60 分,输出 Failed!*/
```

上面程序也可以改写成:

```
if(grade<60)
    printf("Failed!\n");        /*若 grade 小于 60 分,输出 Failed!*/
else
    printf("Passed!\n");        /*若 grade 大于等于 60 分,输出 Passed!*/
```

由于表达式的写法不唯一,整个 if-else 语句的写法也不唯一。

3. 说明

(1) if 语句或 if-else 语句中可以嵌套 if 语句或 if-else 语句。if 语句的嵌套用法灵活多变,请看如下程序:

```
if(grade>=0&&grade<=100)
    if(grade>=60)
        printf("Passed!\n");    /*若 grade 是百分制分数,且大于等于 60 分,输出 Passed!*/
    else
        printf("Failed!\n");    /*若 grade 是百分制分数,且小于 60 分,输出 Failed!*/
else
    printf("Input Error!\n");   /*若 grade 不是百分制分数,输出 Input Error!*/
```

上面程序首先用一个 if-else 语句判断 grade 是否为百分制成绩,若是则嵌套另一个 if-else 语句判断是否及格。还可以改变判断条件,变换嵌套方式,请看下面程序:

```
if(grade<0||grade>100)
    printf("Input Error!\n");     /*若 grade 不是百分制分数,输出 Input Error!*/
else
    if(grade>=60)
        printf("Passed!\n");      /*若 grade 是百分制分数,且大于等于 60 分,输出 Passed!*/
    else
        printf("Failed!\n");      /*若 grade 是百分制分数,且小于 60 分,输出 Failed!*/
```

(2) else 和 if 必须配对使用。else 和 if 的配对原则是:else 和离它最近的未配对的 if 配对。请看下面左右两段程序:

①
```
if(a==1)
    if(b==2)
        printf("***\n");
    else
        printf("###\n");
```

②
```
if(a==1)
    if(b==2)
        printf("***\n");
else
    printf("###\n");
```

上面两段代码因为采用的缩进位置不同,可能会被误认为第一个 else 和第一个 if 配对,而第二个 else 和第三个 if 配对。实际上这两段代码是完全等价的,第一个 else 只能和第二个 if 配对,因为第二个 if 是离第一个 else 最近且未配对的。若要使第一个 else 和第一个 if 配对,程序应该进行如下修改:

```
if(a==1)
{
    if(b==2)
        printf("***\n");
}
else
    printf("###\n");
```

修改前,是单分支结构 if 语句嵌套了双分支结构 if-else 语句;修改后,是双分支结构 if-else 语句嵌套了单分支结构 if 语句。加上大括号后改变了 if 语句的嵌套结构,所以该 else 才能与第一个 if 匹配。

4. 条件运算符和条件表达式

C 语言提供了与 if-else 结构密切相关的条件运算符,它是 C 语言中唯一的三目运算,运算时需要三个操作数。双分支结构 if-else 语句,可以用条件运算符构成的条件表达式来改写,改写后程序会更简单直观。

(1) 条件表达式一般格式。

表达式 1?表达式 2:表达式 3

(2) 执行过程。

先计算表达式 1 的值,若值为真则整个条件表达式的结果就是表达式 2 的值,否则整个条件表达式的结果就是表达式 3 的值。

上面判断成绩是否及格的简单示例可改写为:

```
printf("%s\n",grade>=60? "Passed! ":"Failed!");
```

同理,比较两个数的大小并输出较大数,用 if-else 语句实现的程序代码是:

```
if(x>y)
    printf("%d\n",x);           /*若 x 小于 y,输出 x 的值*/
else
    printf("%d\n",y);           /*否则输出 y 的值*/
```

用条件运算符改写上面代码:

```
printf("%d\n",x>y? x:y);
```

例 4-2

【例 4-2】 求一元二次方程 $ax^2+bx+c=0$ 的实根。

分析:

(1) 题目要求计算方程实根,所以要先判断 $b*b-4*a*c$ 是否大于等于 0,然后根据判断结果执行两个不同的程序分支。

(2) 需要计算方程的两个实根并输出,所以要将三条语句用大括号括起来形成复合语句,否则程序出错。程序执行流程如图 4-4 所示。

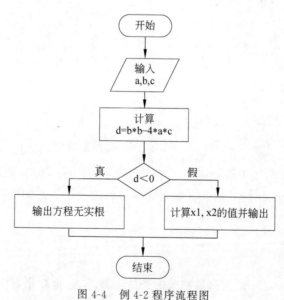

图 4-4 例 4-2 程序流程图

源程序

```
#include<stdio.h>
#include<math.h>
```

```c
int main()
{
    float a,b,c,d,x1,x2;
    printf("请输入一元二次方程的三个系数：\n");
    scanf("%f,%f,%f", &a, &b, &c);
    d=b*b-4*a*c;
    if(d<0)
        printf("方程无实根\n");
    else
    {
        x1=(-b+sqrt(d))/(2*a);
        x2=(-b-sqrt(d))/(2*a);
        printf("x1=%f,x2=%f\n", x1, x2);
    }
    return 0;
}
```

运行结果：

```
请输入一元二次方程的三个系数：1,3,1↙
x1=-0.381966,x2=-2.618034
```

4.3.3　多分支结构 else if 语句

1. 一般形式

if(表达式 1) 语句 1
else if(表达式 2) 语句 2
　　……
else if(表达式 n-1) 语句 n-1
else 语句 n

2. 执行过程

先计算表达式 1 的值，若值为真执行语句 1；否则计算表达式 2 的值，若值为真执行语句 2；……；否则计算表达式 n−1 的值，若值为真执行语句 n−1；否则执行语句 n。多分支 else if 语句的执行流程如图 4-5 所示。可见，多分支结构 else if 语句需要连续测试多个条件，并且每一个测试条件都应与前面的测试条件不同。

提示：多分支结构 else if 语句本质上就是 if-else 语句的嵌套用法。

【例 4-3】　居民生活用电阶梯电价具体实施方案是：将居民每月用电量划分为三档，电价实行分档递增。第一档为每月不超过 220 度的电量，电价每度 0.49 元；第二档为每月 220 至 400 度之间的电量，电价每度 0.54 元；第三档为每月超过 400 度的电量，电价每度 0.79 元。编写程序计算居民电价，程序执行流程如图 4-6 所示。

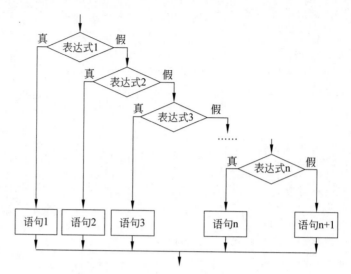

图 4-5　多分支结构 else if 语句执行流程图

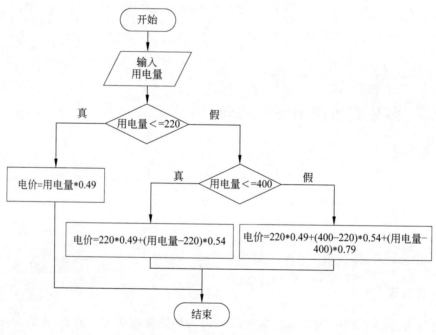

图 4-6　例 4-3 程序流程图

分析：

（1）共有三档用电量，显然需要判断两个不同条件，所以使用多分支结构 else if 语句进行编程。

（2）条件需要沿着数值递增或递减的方向描写。例如 if 的条件是"用电量＜＝220"，则第一个 else if 的条件是"用电量＜＝400"；也可以将 if 的条件写为"用电量＞400"，则第一个 else if 的条件相应改为"用电量＞220"。

源程序

```c
#include<stdio.h>
int main()
{
    int x;
    float y;
    printf("请输入用电量: ");
    scanf("%d",&x);                    /*从键盘输入用电量赋值给变量x*/
    if(x<=220)                         /*判断用电量是否不超过220*/
        y=x*0.49;
    else if(x<=400)                    /*判断用电量是否不超过400*/
        y=220*0.49+(x-220)*0.54;
    else                               /*用电量超过400*/
        y=220*0.49+(400-220)*0.54+(x-400)*0.79;
    printf("电价为: %.1f\n",y);
    return 0;
}
```

运行结果:

请输入用电量: 390↙
电价为: 199.6

【**例 4-4**】 从键盘输入一个字符,判断字符的类别(大写字母、小写字母、数字、其他字符)。

例 4-4

分析:

(1) 共有四类字符,显然需要判断三个不同条件,所以使用多分支结构 else if 语句进行编程。

(2) 注意,判断数字字符的条件写法是 c>='0'&&c<='9'。

程序流程如图 4-7 所示。

源程序

```c
#include<stdio.h>
int main()
{
    char c;
    printf("Please input a character: ");
    c=getchar();                       /*获取从键盘输入的单个字符*/
    if(c>='0'&&c<='9')                 /*判断是否为数字字符*/
        printf("This is a digit.\n");
    else if(c>='A'&&c<='Z')            /*判断是否为大写字母*/
        printf("This is a capital letter.\n");
    else if(c>='a'&&c<='z')            /*判断是否为小写字母*/
```

```
            printf("This is a small letter.\n");
        else                                    /*判断是否为其他字符*/
            printf("This is another character.\n");
        return 0;
}
```

运行结果：

```
Please input a character: g↙
This is a small letter
```

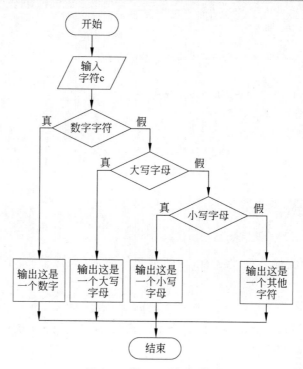

图 4-7　例 4-4 程序流程图

4.4　switch 语句

用 if 语句实现多分支结构时，如果分支较多，嵌套的 if 语句层数也会增多，程序冗余且可读性降低。因此，C 语言还提供了 switch 语句(又称开关语句)来实现多分支结构。

1. 一般形式

```
switch(表达式)
{
    case 常量 1:    语句组 1;break;
    case 常量 2:    语句组 2;break;
    ...
```

```
    case 常量 n:   语句组 n;break;
    default :     语句组 n+1; break;
}
```

2. 执行过程

先计算表达式的值,当表达式的值与某个 case 后面的常量值相同时,就执行该 case 后面的语句组,最后执行 break 语句,跳出 switch 语句。如果表达式的值与任何一个 case 后面的常量值都不相同,则执行 default 后面的语句组,最后执行 break 语句,跳出 switch 语句。switch 语句的执行流程如图 4-8 所示。

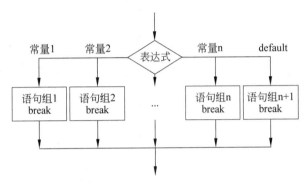

图 4-8　switch 语句执行流程图

3. 说明

(1) 表达式的类型可以是整型或字符型,并且表达式的值只能是可列举的数值序列。

(2) case 后面的常量仅起语句标号作用,所以每个 case 后面的常量值必须各不相同,否则会出现相互矛盾的现象(即对表达式的同一值,有两种或两种以上的 case 执行方案)。

(3) 语句组可以是一条语句、多条语句或空语句。若为多条语句不需要使用{}括起来。

(4) break 语句的作用是终止 switch 语句,转向执行 switch 语句后面的下一条语句。

(5) break 语句可以省略。对于省略 break 语句的 case 分支,执行完当前语句组后依次执行后面 case 分支中的语句组,而不需要匹配常量值。

(6) default 子句的位置可以任意,不一定必须在 switch 语句的最后。default 子句也可以省略不写。

(7) switch 语句可以嵌套使用。

【例 4-5】 编写程序实现简单的加、减、乘、除计算器功能。

分析:

(1) 本例题需要定义一个字符型变量,用来存储运算符。

(2) 运算符共有 4 种取值,即'+'、'-'、'*'、'/'四个字符,分别对应四个 case 分支中的常量值。

(3) 注意,进行除法运算前必须判断除数是否不为 0,若除数为 0 给出错误提示。

源程序

```
#include<stdio.h>
```

```c
int main()
{
    double x,y,z;
    char op;
    printf("Please input an expression: ");    /* 获取从键盘输入的单个字符 */
    scanf("%lf%c%lf",&x,&op,&y);
    switch (op)
    {
        case '+':printf("%.2lf%c%.2lf=%.2lf \n",x,op,y,x+y);break;
        case '-':printf("%.2lf%c%.2lf=%.2lf \n",x,op,y,x-y); break;
        case '*':printf("%.2lf%c%.2lf=%.2lf \n",x,op,y,x*y); break;
        case '/':
            if(y!=0)                            /* 检验除数是否为 0 */
                printf("%.2lf%c%.2lf=%.2lf\n",x,op,y,x/y);
            else
                printf("Division by zero!\n");
            break;
        default:printf("Input error!\n"); break;    /* 非法运算符 */
    }
    return 0;
}
```

运行结果：

```
Please input an expression: 3.5+8↙
3.50+8.00=11.50
```

例 4-6

【例 4-6】 输入百分制分数，根据分数范围确定分数等级。等级如下：

grade＜60 等级 E；

60＜＝grade＜70 等级 D；

70＜＝grade＜80 等级 C；

80＜＝grade＜90 等级 B；

90＜＝grade＜＝100 等级 A。

分析：表达式 grade/10 的值与等级间存在对应关系，因为 grade 和 10 都是整型数据，所以相除的结果必然是整数。表达式 grade/10 和成绩范围的对应关系如表 4-4 所示。

表 4-4 分数等级与 switch 表达式值的对应关系

成 绩 范 围	分 数 等 级	grade/10 的值
grade＜60	等级 E	0,1,2,3,4,5
60＜＝grade＜70	等级 D	6
70＜＝grade＜80	等级 C	7
80＜＝grade＜90	等级 B	8
90＜＝grade＜＝100	等级 A	9,10

源程序

```c
#include<stdio.h>
int main()
{
    int grade;
    printf("Input grade(0<=grade<=100): ");
    scanf("%d", &grade);
    switch(grade/10)
    {
        case 10:
        case  9: printf("A\n"); break;
        case  8: printf("B\n"); break;
        case  7: printf("C\n"); break;
        case  6: printf("D\n"); break;
        case  5:
        case  4:
        case  3:
        case  2:
        case  1:
        case  0: printf("E\n"); break;
        default: printf("Input error!Please input again!\n");
    }
    return 0;
}
```

运行结果：

```
Input grade(0<=grade<=100):85✓
B
```

【思考题】 例 4-6 使用 else if 语句编程如何实现？

一、单项选择题

(1) 下面程序的输出结果是（   ）。

```c
#include<stdio.h>
int main()
{
    int m=5;
    if(m++>5) printf("%d \n",m);
    else printf("%d\n",m--);
    return 0;
}
```

A. 7 B. 6 C. 5 D. 4

(2) 下面程序的输出结果是(　　)。

```
#include<stdio.h>
int main()
{
    int a=6,b=4,c=5,d;
    printf("%d\n",d=a>c?(a>c?a:c):(b));
    return 0;
}
```

A. 4 B. 5 C. 6 D. 不确定

(3) 下面程序的输出结果是(　　)。

```
#include<stdio.h>
int main()
{
    int x=10,y=20,t=0;
    if(x==y)
        t=x;
    x=y;
    y=t;
    printf("%d %d\n",x,y);
    return 0;
}
```

A. 10 10　　B. 10 20　　C. 20 10　　D. 20 0

(4) 下面程序的输出结果是(　　)。

```
#include<stdio.h>
int main()
{
    int a=5,b=4,c=3,d=2;
    if(a>b>c)
        printf("%d\n",d);
    else if((c-1>=d)==1)
        printf("%d\n",d+1);
    else
        printf("%d\n",d+2);
    return 0;
}
```

A. 2
B. 3
C. 4
D. 编译时有错,无结果

(5) 若 a,b,c1,c2,x,y 均为整型变量,正确的 switch 语句是(　　)。

A. switch(a+b);
　 { case 1:y=a+b;break;

B. switch(a * a+b * b)
　 { case 3:

            case 0:y=a-b;break;
        }
    C. switch a
        { case c1:y=a-b;break;
          case c2:x=a*b;break;
          default:x=a+b;}

            case 1:y=a+b;break;
            case 3:y=b-a;break;}
    D. switch(a-b)
        { default:y=a*b;break;
          case 3:case 4:x=a+b;break;
          case10:case 1:y=a-b;break;}

(6) 已知分段函数(如下所示),以下程序段中不能根据 x 的值正确计算出 y 值的是( )。

$$y = \begin{cases} 1 & x>0 \\ 0 & x=0 \\ -1 & x<0 \end{cases}$$

A. if(x>0)   y=1;
   else if(x==0) y=0;
   else y=-1;

B. y=0;
   if(x>0)y=1;
   else if(x<0) y=-1;

C. y=0;
   if(x>=0)
   if(x>0) y=1;
   else y=-1;

D. if(x>=0)
   if(x>0) y=1;
   else y=0;
   else y=-1;

(7) 下面程序的输出结果是( )。

```
#include<stdio.h>
int main()
{
    int a=15,b=21,m=0;
    switch(a%3)
    {   case 0:m++;break;
        case 1:m++;
        switch(b%2)
        {
            default:m++;
            case 0:m++;break;
        }
    }
    printf("%d\n",m);
    return 0;
}
```

A. 1   B. 2   C. 3   D. 4

(8) 为了避免嵌套的分支语句 if-else 的二义性,C 语言规定 else 总是与( )组成配对关系。

A. 缩排位置相同的 if   B. 在其之前未配对的 if
C. 在其之前未配对的最近的 if   D. 同一行上的 if

(9) 设 x、y、t 均为 int 型变量,则执行语句"x=y=3;t=++x||++y;"后,y 的值为(　　)。

　　A. 1　　　　　　B. 3　　　　　　C. 4　　　　　　D. 不定值

(10) 执行下面程序,输入 3,则输出结果是(　　)。

```
#include<stdio.h>
int main()
{
    int k;
    scanf("%d",&k);
    switch(k)
    {
        case 1:
            printf ("%d\n",k++);
        case 2:
            printf ("%d\n",k++);
        case 3:
            printf ("%d\n",k++);
            case 4:
            printf ("%d\n",k++);break;
        delfault:
            printf("Full!!\n");
    }
    return 0;
}
```

　　A. 3　　　　　　B. 4　　　　　　C. 3　　　　　　D. 4
　　　4　　　　　　　5

二、阅读程序题

(1) 下面程序的输出结果是(　　)。

```
#include<stdio.h>
int main()
{
    int a=20,b=30,c=40;
    if(a>b)
    a=b;b=c;
    c=a;
    printf("%d %d %d\n",a,b,c);
    return 0;
}
```

(2) 下面程序的输出结果是(　　)。

```
#include<stdio.h>
```

```
int main()
{
    int x=0,a=0,b=0;
    switch(x)
    {
        case 0: b++;
        case 1: a++;
        case 2: a++;b++;break;
        default:a++;
    }
    printf("a=%d,b=%d\n",a,b);
    return 0;
}
```

(3) 下面程序的输出结果是(　　)。

```
#include<stdio.h>
int main()
{
    int a=1,b=0;
    if(--a)b++;
    else if (a==0) b+=2;
    else b+=3;
    printf("%d\n",b);
    return 0;
}
```

三、程序设计题

(1) 输入一个三位整数 a(百位十位个位分别用 x、y、z 表示)，判断它是否是"水仙花数"。当输入数据不正确时，要求给出错误提示。提示："水仙花数"是一个三位数，其各位数字立方和等于该数本身。例如：153 是一个水仙花数，因为 $1^3+5^3+3^3=153$。

(2) 输入一个年份，输出这一年 2 月份的天数。提示：年份能被 4 整除且不能被 100 整除或年份能被 400 整除的是闰年。

(3) 输入三角形三条边的长度，判断它们能否构成三角形，若能则需判断出三角形的种类：等边三角形、等腰三角形、直角三角形或一般三角形；否则输出"不能构成三角形"。

第 5 章 循环结构程序设计

循环结构是结构化程序设计的基本结构之一。熟练掌握及应用循环结构是程序设计最基本的要求。实际应用中的许多问题都涉及重复执行一些操作,如级数求和或迭代求解等。需要重复执行某些操作,一般都会用到循环结构,在 C 语言中使用三种循环语句(for、while 和 do-while)实现。

5.1 循环的概念

程序设计中,许多实际问题具有规律性的重复操作,这就需要重复执行某些语句。下面先通过一个例子来了解循环结构的使用。

【例 5-1】 使用循环求 s=1+2+…+100 的值。

源程序

```
#include<stdio.h>
int main()
{
    int s;                  /*用于保存计算和*/
    int i;                  /*循环控制变量*/
    s=0;
    for(i=1;i<=100;i++)
        s=s+i;
    printf("1+2+3+4+…+99+100=%d\n", s);
    return 0;
}
```

运行结果:

```
1+2+3+4+…+99+100=5050
```

表达式 1+2+3+4+…+99+100 从数学上看是一个累加问题,目的是把已经计算出来的部分和与下一个加数相加,直到加数为 100 为止。可以把这个过程抽象成这样的表达式:"部分和"+"下一个加数"。在程序中首先需要一个变量保存已经计算出来的"部分和",并将它作为下次加法运算的一个加数。"下一个加数"这个操作数大于 100 的时候,结束运算,所以它既是加法运算的另一个加数,又是控制循环结束的条件变量。计算顺序如

图 5-1 所示。

设变量 s=0,表示求和的初值。利用变量特性,有以下累加运算:

s=s+1,s=s+2,…,s=s+100

多个数据连续相加叫累加,累加结果叫累加和。本题目中"累加"语句近 100 条,累加是重复执行的操作。

可以使用 i 表示加数,s 表示累加和,则重复的操作是 s=s+i,其中 i 从 1 开始每次自增 1 变化。使用 i 来控制循环,i 的初值为 1,循环条件为 i<=100,使循环趋于结束的操作是 i++。程序流程图如图 5-2 所示。

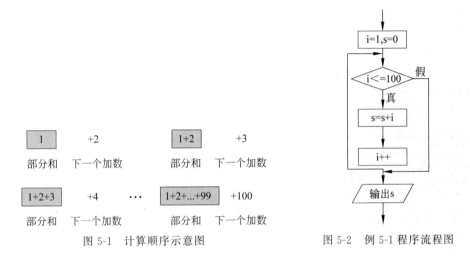

图 5-1 计算顺序示意图　　图 5-2 例 5-1 程序流程图

循环结构是在某种条件成立时,反复执行某一程序段的结构。如果需要重复处理的次数是已知的,则称为计数控制循环,通常用 for 语句实现;如果重复处理的次数是未知的,是由给定条件控制的,则称为条件控制循环,可以用 while 语句和 do-while 语句实现。

5.2 for 语句

for 语句作为循环控制语句,功能强、使用广泛。for 语句的一般形式为:

for(初始化表达式;循环控制表达式;增减值表达式)
{
　　语句
}

说明:语句部分可以是一条语句,也可以是由多条语句组成的复合语句,即循环体。如果需要多条语句,必须加大括号{}组成复合语句。for 是关键字,小括号中的三个表达式用英文分号(;)间隔。

for 语句小括号中的内容由 3 部分组成:

(1) 初始化表达式:它只在循环进入的第 1 次有效,还可在此设置其他变量初值,这部分一般为赋值表达式。

(2) 循环控制表达式:每执行一次循环,都要检查条件表达式的值,判断是否继续执行循环,循环执行到循环条件为"假"时结束。

(3)增减值表达式:定义每次重复循环时如何修改控制变量的值,可以使用任何合法的表达式进行变量值的设置,每次执行的最后循环体都要执行这部分内容。

for 语句的执行过程:

(1)设置与循环相关的初始变量的值。

(2)判断循环条件,如果循环条件表达式的值为真,则执行 for 语句中指定的内嵌语句即循环体,然后执行下面的第(3)步;否则,结束循环,跳转到第(5)步。

(3)改变循环变量的值。

(4)转回第(2)步执行。

(5)循环结束,执行 for 语句后面的语句。

for 语句的执行过程如图 5-3 所示。

【思考】 在例 5-1 的基础上,如果求 5 的阶乘,即 5!,程序应该如何修改呢?

【例 5-2】 求 $1-1/3+1/5-\cdots$ 的前 n 项的和。

分析:分析数学公式和加数特点,总结以下规律:

(1)设置总项数变量为 n,其值从键盘任意输入;设置累加和变量为 s,初值为 0。

(2)各累加项加数的符号正、负间隔。设符号控制变量为 flag,交替取 1 和 -1。

(3)设置循环控制变量,即项数 i,初值为 1。各加数分母变化步长为 2,所以循环控制变量的变化步长也为 2。从第 1 项加数起,加数的绝对值表示为 $1.0/(2*i-1)$。

(4)符号控制变量 flag 与加数绝对值的乘积形成参与累加运算的加数,即 $s=s+flag*(1.0/(2*i-1))$。

(5)利用项数 n 的值构造循环控制条件:$i<=n$,进行循环累加。

程序流程图如图 5-4 所示。

例 5-2

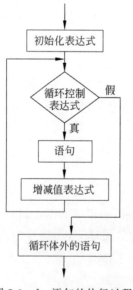

图 5-3 for 语句的执行过程

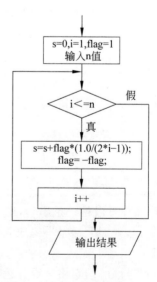

图 5-4 例 5-2 程序流程图

源程序

```c
#include<stdio.h>
int main()
{
    double s=0;                     /*用于保存计算和*/
    int i,n,flag=1;                 /*循环控制变量,输出项,符号控制变量*/
    scanf("%d",&n);
    for (i=1; i<=n ; i++)
    {
        s=s+flag*(1.0/(2*i-1));     /*确保加数为实数*/
        flag=-flag;
    }
    printf("sum=%lf\n", s);
    return 0;
}
```

运行结果：

```
20↙
sum=0.772906
```

特殊情况下,如果 for 语句小括号中的某表达式为空或与循环无关,则在 for 语句的外部或循环体内应设置相关的处理。

下面以"1 到 10 的累加和"为例说明 for 语句的使用。

(1) 求"1 到 10 的累加和"程序段,省略"初始化表达式"。

```
sum=0;i=1;                          /*两条语句也可以分两行写*/
for( ; i<=10; i=i+1)
    sum=sum+i;
```

(2) 求"1 到 10 的累加和"程序段,省略"初始化表达式"和"增减值表达式"。

```
sum=0;i=1;
for(;i<=10;)
    sum=sum+(i++);
```

(3) 求"1 到 10 的累加和"程序段,省略 for 括号内的全部 3 个表达式。

```
sum=0;i=1;
for(; ;)                            /*分号不能省*/
{   sum=sum+(i++);
    if(i>10)
        break;
}
```

(4) 求"1 到 10 的累加和"程序段,省略循环体。

```
for(sum=0,i=1;i<=10;sum=sum+i,i++);
```

说明：(4)中"sum=0;"写在"设置初始值"表达式中，与"i=1"用逗号间隔，构成逗号表达式；"设置循环增减量"部分表达式同理。这时 for 语句后面需要加";"表示循环体内为空语句，也表明 for 语句结束，不能省略。

5.3 while 语句

while 语句的一般形式为：

```
while(条件)
{
    语句
}
```

说明：

(1) 语句部分可以是一条语句，也可以是由多条语句组成的复合语句，即循环体。如果循环体需要多条语句，必须加大括号{}组成复合语句。

(2) "条件"可以是 C 语言中任意合法的表达式，用来控制循环体是否执行。

(3) while 是关键字，while 后面的小括号必不可少，避免死循环。

执行过程：当条件表达式的值为真时，则反复执行循环体；若条件判断表达式的值为假，结束循环的执行，跳转执行循环体下方的语句。while 语句的执行过程如图 5-5 所示。

特点：先执行条件表达式，后决定是否执行循环体语句。

【例 5-3】 常用数学公式编程：利用级数公式求 π 的值，累加项最后一项的精度值从键盘输入。

$$s = 1 - \frac{1}{3} + \frac{1}{5} - \frac{1}{7} + \cdots = \frac{\pi}{4}$$

分析：数学公式 $s = 1 - \frac{1}{3} + \frac{1}{5} - \frac{1}{7} + \cdots = \frac{\pi}{4}$ 中没有明确的输入信息，但在实际解决问题时，需要考虑加到第几项就结束，不能无限加下去。分析各累加项，其绝对值依次减小，当累加项很小时，以后各项可以忽略不计。精度值由编程者决定，直到加数累加项满足精度要求，则循环结束。加数的精度决定累加循环的次数，但具体循环多少次又不能明确知道，因此本例题使用 while 语句实现。

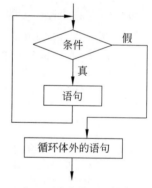

图 5-5 while 语句的执行过程

分析数学公式和加数特点发现，例 5-3 和例 5-2 具有相同的规律，只是具体累加到何值结束未知，通过输入精度确定循环是否终止。程序流程图如图 5-6 所示。

源程序

```c
#include<stdio.h>
#include<math.h>              /*用到数学函数 fabs*/
int main()
{
    double s=0,eps,item;      /*s 用于保存计算和,eps 为精度值*/
```

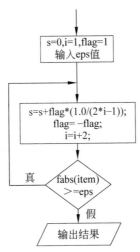

图 5-6　例 5-3 程序流程图

```
int i=1,flag=1;              /* 循环控制变量,符号控制变量 */
item=1.0;                    /* item 用于存放第 i 项的值,初值为 1 */
scanf("%lf",&eps);
while(fabs(item)>=eps)
{
    item=flag*(1.0/i);       /* 确保加数为实数 */
    s=s+item;
    flag=-flag;              /* 为下一次当前项符号取反做准备 */
    i+=2;
}
printf("PI=%lf\n", s * 4);
return 0;
}
```

运行结果：

```
0.0000001↙
PI=3.141593
```

【思考】　如果对 item 赋初值 0,运行结果是什么？为什么？改变 eps 输入的值,结果有变化吗？

5.4　do-while 语句

for 和 while 语句(当型循环)都是在开始位置进行条件检查,这样循环体有可能一次也不会执行,而 do-while 语句(直到型循环)的特点是先执行循环体,然后判定循环条件是否成立,以确定是否继续循环,从而使循环体至少执行一次。其一般形式为：

```
do
{
    语句
}while(条件);
```

说明：

（1）语句部分可以是一条语句，也可以是由多条语句组成的复合语句，即循环体。如果循环体需要多条语句，必须加大括号{}组成复合语句。

（2）在语法上，do-while 是一条语句，因此 while(条件)之后的分号不可省略。

语句功能： do-while 语句至少先执行一次循环体，再判断 while 后面的条件表达式，若为真，则继续执行循环体，否则退出循环。do-while 语句的执行过程如图 5-7 所示。

例 5-4

【例 5-4】 求某正整数中的各位数字及各位数字之和。

分析： 由于多位正整数 n 的值由键盘任意输入，因此不能事先确定输入的整数是几位，即循环次数未知，使用 do-while 语句实现。

设多位正整数为 n，从原始数值中每次用"%"和"/"两个算术运算符拆分整数的高位和个位数。取出个位数，即 n%10，并输出；将原数缩小 10 倍即 n=n/10，得到一个新数 n。直到新正整数 n 的值为 0，循环结束。

例如，n 的初值为 7821，循环用"%"和"/"操作可以将它们逐次分为 2 部分：782 和 1，78 和 2，7 和 8，0 和 7，当得到的新数 n 的值为 0 不再继续分解。

设变量 n 表示多位正整数，sum 表示各位数字累加和。

（1）循环变量赋初值，sum 赋初值为 0，n 的值由键盘任意输入。

（2）循环体及循环变量修正：取个位先输出并累加"sum+=n%10;"，形成新高位数据即修正循环变量"n=n/10;"。

（3）循环条件判断：若修正的循环变量值为 0，则结束循环。

程序流程图如图 5-8 所示。

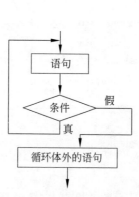

图 5-7 do-while 语句的执行过程

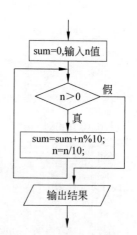

图 5-8 例 5-4 程序流程图

源程序

```c
#include<stdio.h>
int main()
{
    int sum=0,m,n;
    scanf("%d",&n);
    do
    {
        m=n%10;
        printf("%d  ",m);            /* 从个位依次输出 */
        sum=sum+m;                   /* 取个位,累加 */
        n=n/10;                      /* 修正循环变量,形成新高位数据 */
    } while(n>0);
    printf("\n各位数字和 sum=%d\n", sum);
    return 0;
}
```

运行结果:

```
7821↙
1  2  8  7
各位数字和 sum=18
```

【思考】

(1) 如果将例题程序中的 do-while 语句改为 while 语句,对运行结果有影响吗? 程序如何改?

(2) 在此例题的基础上,输入一个正整数,将其按逆序输出。例如:输入 12345,输出 54321。这时,程序应该如何实现呢? 有几种方法?

5.5 如何跳出循环结构

为了使循环控制更加灵活,C 语言提供了 break 和 continue 语句,用于提前终止循环的执行而退出循环,或提前结束某次循环体语句的执行,开始下一次循环。

1. break 语句

break 语句有两种用途:第一种是用于使程序流程跳出 switch 结构,继续执行 switch 语句后面的语句;第二种是用于从循环体内跳出循环,即提前结束循环,接着执行循环语句后面的语句。break 语句在循环体中使用的一般格式:

```
if(p)
    break;
```

功能:当条件 p 为真时,强行结束其所在的循环体语句的执行,转向循环体语句外的下一条语句。

注意：对于嵌套循环语句和 switch 语句，break 语句的执行只是退出包含 break 的那一层结构。

2. continue 语句

continue 语句的一般格式：

```
if(p)
    continue;
```

功能：对于 for 循环，跳过循环体其余语句，转向增减值表达式的计算；对于 while 和 do-while 循环，跳过循环体其余语句，转向循环控制条件的判断。

例 5-5

【例 5-5】 素数判断问题。判断一个大于 1 的正整数是否素数。

分析：

(1) 所谓素数，也叫质数，是指除了 1 和本身以外无其他因子的数。根据素数的定义：对于大于 1 的正整数 n，若在[2,n−1]范围内没有因子，则 n 是素数；反之，n 不是素数。自然数中只有一个偶数 2 是素数。

(2) 需求分析：从键盘输入整数 n，输出判断结果。

(3) 处理过程：用[2,n−1]范围内的所有数循环试除 n，如果 n 能被某一个数整除，说明该数在[2,n−1]范围内有因子，则终止循环，不需再试除其后的数，说明此数为非素数。

在进入循环前，设标记变量 flag=1 表示某正整数 n 是素数。若找到该正整数的一个因子，则先前的"假设"不成立，修改 flag=0，并结束循环。循环结束后根据 flag 的值来判断该数是否素数。程序流程图如图 5-9 所示。

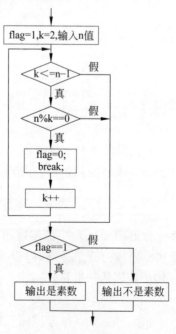

图 5-9　例 5-5 程序流程图

源程序

```c
#include<stdio.h>
int main()
{
    int n,k,flag=1;
    printf("请输入一个大于1的正整数: ");
    scanf("%d",&n);
    for(k=2;k<=n-1;k++)
        if(n%k==0)
        {
            flag=0;
            break;
        }
    if(flag==1)
        printf("%d is a prime\n",n);
    else
        printf("%d is not a prime\n",n);
    return 0;
}
```

运行结果：

请输入一个大于1的正整数：11✓
11 is a prime

再次运行结果：

请输入一个大于1的正整数：4✓
4 is not a prime

说明：

(1) n%k==0 条件成立时说明此数不是素数，执行 flag=0;break;两条语句（复合语句）需要外加大括号{}。

(2) 为减少循环次数，根据因子的偶对性，若一个数 n 在[2,sqrt(n)]范围内无因子，则该数为素数，否则不是素数。这相对于范围[2,n-1]，减少循环次数可大大提高程序的运行效率。

判断一个数是否为素数，除了标记变量法外，还可以在退出循环后，判断最后一个试除因子的大小以确定该数是否为素数。因为若是正常退出循环，则循环变量（即试除因子）大于 sqrt(n)，说明该数无因子，是素数；否则，非正常退出循环，循环变量一定小于或等于 sqrt(n)，说明该数有因子，不是素数。这种方法判断素数的程序实现如下：

```c
#include<stdio.h>
#include<math.h>
int main()
{
    int n,k,t;
    printf("请输入一个大于1的正整数");
```

```
        scanf("%d",&n);
        t=sqrt(n);
        for(k=2;k<=t;k++)
            if(n%k==0)
                break;
        if(k>t)
            printf("%d is a prime\n",n);
        else
            printf("%d is not a prime\n",n);
        return 0;
}
```

【思考】 程序可以用 while 语句替代吗？如何改？运行结果有变化吗？

5.6 循环的嵌套

程序中的多个循环语句之间存在两种关系：并列和嵌套。一个循环语句的循环体内完整地包含另一个完整的循环结构，称为嵌套循环。循环不允许有交叉。这种循环可以有很多层，一个循环的外面有一层循环叫双重循环，如果一个循环的外面有两层循环叫三重循环……处于外层的循环一般称为外循环，而处于内层的循环一般称为内循环。理论上嵌套可以是无限的，但一般使用两重或三重循环，嵌套层数太多，会降低程序的执行效率。3 种循环语句 while、do-while、for 可以相互嵌套，自由组合。

【例 5-6】 打印输出九九乘法表。

分析：九九乘法表示一个二维表格形式，一共有 9 行 9 列。输出所有行数，共需要循环 9 次。每行中列算式的个数规律是用内循环控制列算式输出（即某行中的所有算式）。因为第几行就有几列算式，所以内循环执行次数＝外循环行变量的值。每列算式都既与所在行有关，又与所在列有关，算式数学模型：列×行＝积。

设置两个变量 i 和 j，i 是外循环的控制变量表示行，j 是内循环的控制变量表示列。程序流程图如图 5-10 所示。

源程序

```
#include<stdio.h>
int main()
{
    int i,j;
    for(i=1;i<10;i++)
    {
        for(j=1;j<=i;j++)
            printf("%d * %d=%2d   ",i,j,i*j);
        printf("\n");
    }
    return 0;
}
```

运行结果：

```
1*1=1
2*1=2   2*2=4
3*1=3   3*2=6   3*3=9
4*1=4   4*2=8   4*3=12  4*4=16
5*1=5   5*2=10  5*3=15  5*4=20  5*5=25
6*1=6   6*2=12  6*3=18  6*4=24  6*5=30  6*6=36
7*1=7   7*2=14  7*3=21  7*4=28  7*5=35  7*6=42  7*7=49
8*1=8   8*2=16  8*3=24  8*4=32  8*5=40  8*6=48  8*7=56  8*8=64
9*1=9   9*2=18  9*3=27  9*4=36  9*5=45  9*6=54  9*7=63  9*8=72  9*9=81
```

【例 5-7】 求 100 以内的所有素数。

分析：在[2,100]范围内逐一列举每个数据，利用例 5-5 中的算法判断每个数是否素数，是素数则输出。显然，寻找某范围内的素数实际是计数式循环方法。设 n 变量表示被列举的可能数据，用 for 语句实现列举。而判断每个数是否素数也是循环结构，所以这是一个双重循环结构程序，程序流程图如图 5-11 所示。

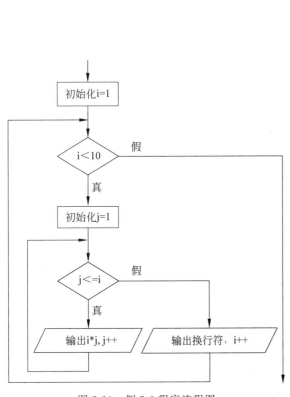

图 5-10 例 5-6 程序流程图

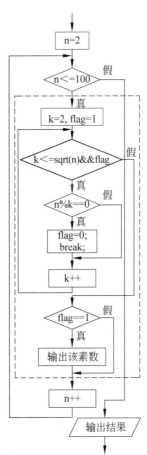

图 5-11 例 5-7 程序流程图

源程序

```c
#include<stdio.h>
#include<math.h>
int main()
{
    int n,k,flag;
    for(n=2;n<=100;n++)
    {
        flag=1;
        for(k=2;k<=sqrt(n);k++)
            if(n%k==0)
            {
                flag=0;
                break;
            }
        if(flag)
            printf("%5d",n);
    }
    return 0;
}
```

运行结果：

| 2 | 3 | 5 | 7 | 11 | 13 | 17 | 19 | 23 | 29 | 31 | 37 | 41 | 43 | 47 | 53 | 59 |
| 61 | 67 | 71 | 73 | 79 | 83 | 89 | 97 | | | | | | | | | |

说明：

（1）多重循环程序执行时,外循环每执行一次,内循环要完整执行一遍。

（2）因为对于 n 的每一个可能取值,都要先假设其为素数,所以标记变量 flag＝1 应写在外循环体中,内循环之前的位置。

（3）嵌套循环结构中,内循环中的 break 语句跳出离它最近的一层循环,即内循环。

【例 5-8】 输入一个正整数 n,计算 1!＋2!＋3!＋…＋n!的和。

分析：这是一个求累加和的问题,循环 n 次,每次累加 1 项,即 sum＝sum＋i!,累加求和的 for 语句为：

```c
for(i=1;i<=n;i++)
    sum=sum+i!;
```

由于 i!＝1＊2＊3＊…＊i,是一个连乘的重复过程,使用循环完成乘法,循环 i 次求出 i!的值。上述 for 语句进一步写成：

```c
for(i=1;i<=n;i++)
{
    t=1;
    for(j=2;j<=i;j++)
```

```
        t=t*j;
    sum=sum+t;
}
```

这里使用嵌套循环实现,外循环重复执行 n 次,每次累加 1 项(i!);内循环重复执行 i 次,每次连乘 1 项,计算每次的累加对象 i!。需要注意语句"t=1;"的位置,每次计算 i! 前,都重新给 t 的值置 1,保证每次计算阶乘都从 1 开始连乘。因此它的位置放在外循环内,内循环之外。

源程序 1

```
#include<stdio.h>
int main()
{
    int i,j,n;
    double t,sum=0;             /*t用于存放阶乘的值*/
    scanf("%d",&n);
    for(i=1;i<=n;i++)           /*外循环执行 n 次,求累加和*/
    {
        t=1;                    /*设置 t 初值为 1,保证每次求阶乘都从 1 开始*/
        for(j=2;j<=i;j++)       /*内循环执行 i 次,计算 t=i!*/
            t=t*j;
        sum=sum+t;              /*i!累加到 sum 中*/
    }
    printf("1!+2!+3!+…+n!=%e\n",sum);
    return 0;
}
```

运行结果:

```
100↙
1!+2!+3!+…+n!=9.426900e+157
```

在计算过程中,由于阶乘和累加和的值都很大,所以变量 t 和 sum 类型都定义为 double,以指数形式(%e)输出结果。

还可以考虑,在做连乘的同时进行累加,这时使用单循环即可实现。寻找累加项的构成规律是累加求和问题求解的关键,本题是通过寻找前项与后项之间的联系,利用前项计算后项。参考源程序如下。

源程序 2

```
#include<stdio.h>
int main()
{
    int i,n;
    double t, sum=0;            /*t用于存放阶乘的值*/
    scanf("%d", &n);
    t=1;
```

```
    for (i=1;i<=n;i++)
    {
        t=t * i;
        sum+=t;
    }
    printf("1!+2!+3!+…+n!=%e\n",sum);
    return 0;
}
```

5.7 三种循环的比较

5.7.1 循环语句的选择

虽然 for、while 和 do-while 三种循环语句的形式不同,都可以用来处理同一问题,一般情况下它们可以互相代替,但是当确定要使用循环编写程序时,应该考虑使用哪种更合适。首先确定需要的循环是"先进行条件判断,后执行循环"还是"先执行循环,后判断条件",明确了这个问题就不难选择了。

另外,在 for 循环和 while 循环的选择上,如果已知循环次数,那么使用 for 循环比较合适,否则使用 while 循环。表 5-1 所示为 3 种循环的比较。

表 5-1 3 种循环比较

循 环 特 性	循环种类		
	for 循环	while 循环	do-while 循环
前置条件检查	是	是	否
后置条件检查	否	否	是
循环体中是否需要自己更改循环控制变量的值	否	是	是
循环重复的次数	一般已知	未知	未知
最少执行循环体次数	0 次	0 次	1 次
何时重复执行循环	循环条件成立	循环条件成立	循环条件成立

下面举 2 个实例说明循环语句的选择。

【例 5-9】 求斐波那契(Fibonacci)数列的前 30 项。每行输出 5 个数。

分析:

(1)问题背景:斐波那契是中世纪意大利数学家,他在《算盘书》中提出了 1 对兔子的繁殖问题。如果每对大兔子成长后每月能生 1 对小兔子,而每对小兔子在出生后的第 3 个月后开始,每月再生 1 对小兔子,假设在不发生死亡的情况下,最初的 1 对兔子在一年末能繁殖成多少对兔子(假定兔子都是雌雄成对,小兔子一个月长成大兔子)?

(2)数学模型:假定最初的 1 对兔子在去年 12 月出生,今年 1 月应该还只有 1 对兔子。到 2 月,这对兔子生了 1 对小兔子,总共 2 对。到 3 月,仍然只有最初的那对兔子能生小兔子,所以总共 3 对。到 4 月,因为 2 月份出生的兔子也能生小兔子,所以一共生了 2 对小兔子,加上原来的 3 对,总共 5 对。到 5 月,又增加了 3 月份出生的兔子所生的小兔子,所以新生的 3 对加上原来的 5 对,总共 8 对。以此类推,以后每个月的兔子的对数总是等于上个月的兔子对数加上前两个月的兔子对数,因此可以得到下面的数列:

1 1 2 3 5 8 13 21 34 55 89 144 233 …

第 i 个月兔子的对数,就是数列中第 i 项的值。该问题的数学模型为:

设 f3 表示第 i 个月兔子对数,f2 表示第 i−1 个月兔子对数,f1 表示第 i−2 个月兔子对数;则 f3=f1+f2。这是典型的递推问题。所谓递推法就是从初值出发,归纳出新值与旧值的关系,直到求出所需值为止。新值的求出依赖于旧值,不知道旧值无法推导出新值。

解决方案:

(1) f1 和 f2 的初值都为 1,据此计算第 3 项 f3=f1+f2,输出 f3。

(2) 为了计算第 4 项,原 f2 成为本组 f1,即 f1=f2;原 f3 成为本组的第 2 项,即 f2=f3;则第 4 项 f3=f1+f2,输出 f3。计算示意图如图 5-12 所示。

图 5-12 Fibonacci 数列计算示意图

以此类推,要计算数列的前 30 项,加上前两项已知量,则语句组"f3=f1+f2;f1=f2;f2=f3;"要重复执行 28 次。设循环变量 i 初值为 3,终止为 30。

该题目明确告知输出数列的前 30 项,说明循环次数已知,这样类型的题目一般建议使用 for 语句实现更加简单灵活。

源程序

```
#include<stdio.h>
int main()
{
    int i,f1,f2,f3,n;              /*变量 n 控制每行输出数据个数*/
    f1=1; f2=1;                    /*数列前两项赋初值*/
    printf("%10d%10d",f1,f2);
    n=2;                           /*已输出两项,列数值为 2*/
    for(i=3;i<=30;i++)             /*从第三项开始计算输出,i 控制迭代结束*/
    {
        f3=f1+f2;                  /*计算 f3*/
        printf("%10d",f3);         /*输出当前第 n 项*/
        n++;
        f1=f2; f2=f3;              /*为下次迭代递推做准备*/
        if(n%5==0)
            printf("\n");          /*每行输出 5 个数据后换行*/
    }
    return 0;
}
```

运行结果：

1	1	2	3	5
8	13	21	34	55
89	144	233	377	610
987	1597	2584	4181	6765
10946	17711	28657	46368	75025
121393	196418	317811	514229	832040

例 5-10

【例 5-10】 计算公式 e＝1＋1/1！＋1/2！＋…＋1/n！，当 1/n！＜0.000001 时求 e 的值，结果保留 2 位小数。

分析：参考例 5-8，不同的是求累加和时循环的次数未知，由给定条件 1/n！＜0.000001 来控制循环，考虑使用 while 语句实现更方便。循环语句应写成：

```
while( 1/n! >=0.000001)
{…}
```

源程序

```c
#include<stdio.h>
int main()
{
    int i=1;
    double t, sum=1;                    /*t用于存放阶乘的值*/
    t=1;
    while(1/t>=0.000001)
    {
        t=t*i;
        sum+=1.0/t;
        i++;
    }
    printf("1+1/1!+1/2!+…-+1/n!=%.2f\n",sum);
    return 0;
}
```

运行结果：

```
1+1/1!+1/2!+…+1/n!=2.72
```

5.7.2 无限循环

从前面介绍的三种循环语句可知，循环总是在不满足循环条件时就终止执行（或不执行）。因此条件判断约束了循环不能无限地执行下去。但如果条件判断始终为真，则构成无限循环，即所谓的"死循环"。例如语句"for(i=1;;i++){…}""while(1){…}""do{…}while(1);"。一般情况下，需要避免死循环的发生，但也可以巧妙利用一些语句使程序强行退出循环，例如在循环体语句中加 if 条件判断语句，但条件不满足时使用 break 语句强制结束循环。

举例:

for(i=1;;i++){sum+=i*i;if(sum>100000)break;}

【思考题】 如果不使用 break,程序如何实现?

5.8 循环结构应用实例

在程序设计中,需要重复执行某些操作时就要用到循环结构。循环语句有两个要素:循环条件和循环体。一旦确定了这两个要素,循环结构就可以基本确定了,再选择合适的循环语句实现循环。

通过学习以下实例,读者可以进一步理解循环程序设计的思路与技巧。

【例 5-11】 最值问题:输入一批学生的成绩,求出最高分。

分析:先输入一个成绩,假设它为最高分,在循环中读入下一个成绩与之进行比较,如果大于最高分,认定为新的最高分,继续循环,直到所有成绩读入比较完毕为止。

循环条件:由于题目未给定输入成绩的个数,需要增加循环条件控制。

(1) 先输入一个正整数 n,表示输入成绩的个数,循环重复 n 次,属于计数控制循环,用 for 语句实现。

(2) 设定一个特殊数据作为循环的结束条件,由于成绩都为正数,可以选择输入一个负数作为输入结束标志。循环次数未知,属于条件控制循环,用 while 语句实现。

源程序 1

```
#include<stdio.h>
int main()
{
    int i,score,max,n;
    printf("Enter n: ");
    scanf("%d",&n);
    printf("Enter score: ");
    scanf("%d",&score);
    max=score;                      /*假设第一个成绩为最高分*/
    for(i=1;i<n;i++)                /*循环控制条件*/
    {
        scanf("%d",&score);         /*读入下一个成绩*/
        if(max<score)
            max=score;
    }
    printf("Max=%d\n",max);
    return 0;
}
```

运行结果:

```
Enter n: 5↵
Enter score: 66  74  85  52  96
Max=96
```

源程序 2

```c
#include<stdio.h>
int main()
{
    int score,max;
    printf("Enter score: ");
    scanf("%d",&score);
    max=score;                          /*假设第一个成绩为最高分*/
    while(score>=0)                     /*循环控制条件*/
    {
        if(max<score)
            max=score;
        scanf("%d",&score);             /*读入下一个成绩*/
    }
    printf("Max=%d\n",max);
    return 0;
}
```

运行结果：

```
Enter score: 66  74  85  52  96  -1↵
Max=96
```

这里需要注意 while 判断依据，在循环前先输入一个数据，作为 while 判断条件，一旦输入负数，循环结束。

【思考】 在例题基础上，如果求不及格学生的人数，程序应该如何实现呢？

【例 5-12】 统计问题：统计从键盘输入的一行字符中字母、数字、空格以及其他字符的个数，以回车键作为结束标志。

分析：例 4-4 中从键盘输入一个字符，判断字符的类别，此题要求从键盘输入的一行字符，以回车('\n')作为结束标志，输入字符个数不确定。多次输入字符，需要用循环语句实现，循环体中语句的结构与例 4-4 类似。

(1) 循环变量设置初值。循环变量即输入字符的变量 ch，字符的输入用语句 ch=getchar()实现。

(2) 循环体及循环变量修正。对输入的每一个字符进行分类判断，继续输入下一个字符(语句 ch=getchar())，就是对循环变量的修正。

(3) 循环控制条件。如果 ch=='\n'，则结束循环。

源程序

```c
#include<stdio.h>
```

```
int main()
{
    int blank=0,digit=0,letter=0,other=0;
    char ch;
    ch=getchar();                /*循环变量赋初值*/
    for(;ch!='\n';)              /*循环控制条件*/
    {
        if(ch==' ')              /*分类统计*/
            blank++;
        else if(ch>='0'&&ch<='9')
            digit++;
        else if(ch>='a'&&ch<='z'||ch>='A'&&ch<='Z')
            letter++;
        else other++;
        ch=getchar();            /*继续输入下一个字符,为下一个字符判断做准备*/
    }
    printf("字符串中有%d个字母,%d个数字,%d个空格和%d个其他字符\n",letter,digit,blank,other);
    return 0;
}
```

运行结果:

```
1234567890 !@#$:>{} qwertyui z↙
字符串中有9个字母,10个数字,4个空格和8个其他字符
```

说明:

(1) 程序中使用 for 语句实现循环控制,for 语句中只包含循环控制条件,其余为空,但";"不能省略。

(2) 分类统计时,条件判断,例如 ch>='0'&&ch<='9'中的单引号不能省略,这里的数字是数字字符,不是数学中的数,所以必须加单引号,并且该表达式不能写成'0'<=ch<='9'。

(3) 由于输入一行字符的个数任意,循环的次数未知,因此更适合用其他类型的循环语句实现。

【例 5-13】 求两个正整数的最大公约数。

分析:和最大公约数相对的一个术语是最小公倍数,它的值为两个数的乘积/最大公约数。设两个正整数为 a、b,它们的最大公约数是能够整除 a 和 b 的最大正整数。最大公约数的求法有多种,例如辗转相除法、穷举法、查找约数法、分解因式法、缩倍法和求差判定法等。本例采用辗转相除法和穷举法两种方法进行求解。

1. 辗转相除法

"辗转相除法"也称欧几里得算法,用于求最大公约数。设两个数 a、b(a>b>0),用较大的数除以较小的数,即 a/b,由其余数(r)和除数(b)构成一对新数(b,r)反复做上面的除

法和操作,直到大数被小数除尽,这个较小的数就是 a 和 b 的最大公约数。以求 24 和 16 的最大公约数为例,操作如下:

(24,16)→(16,8)→0,则 8 就是 24 和 16 的最大公约数。

解决方案:

首先输入 a、b 的初值,如果 a<b,则交换 a 与 b 的值,a、b 的初值是初始数对。辗转相除是重复的操作使用循环。

(1) 循环变量设置初值。循环变量是 a 和 b 的余数 r,其初值 r=a%b。

(2) 循环体及循环变量修正。反复要做的计算和处理是"形成新数对 a=b;b=r;求新余数 r=a%b;",是循环体。循环体中求新数对的余数 r=a%b 是对循环变量的修正。

(3) 循环条件。余数 r==0 是循环终止条件;反之,r!=0 是循环控制条件。

源程序

```
#include<stdio.h>
int main()
{
    int a,b,r;
    printf("Input two integer numbers:");
    scanf("%d%d",&a,&b);
    if(a<b){r=a;a=b;b=r;}            /*把大的数放前面*/
    r=a%b;                            /*循环变量赋初值*/
    while(r!=0)                       /*直到两个数相除的余数为零*/
    {
        a=b;                          /*形成新数对*/
        b=r;
        r=a%b;                        /*重新求余数,修改循环条件*/
    }
    printf("最大公约数是%d\n",b);
    return 0;
}
```

运行结果:

```
Input two integer numbers:24  16↵
最大公约数是 8
```

2. 穷举法

穷举法也称枚举法,算法思想是:对于给定的两个数 a、b,从两个数中较小数开始由大到小列举,直到找到公约数立即中断列举,得到的公约数便是最大公约数。以求 24 和 16 的最大公约数为例,操作如下:

设 y=16 为较小数,24%y==0 与 16%y==0 条件同时成立时的 y 即是最大公约数,否则 y 做自减,重复判断上述条件,直到找到最大公约数为止,读者可以自己进行计算,最终的 y 值为 8,即 24 和 16 的最大公约数。

解决方案：

首先输入 a、b 的初值。穷举是重复的操作，使用循环。

（1）循环变量设置初值。循环变量是 a 和 b 中较小的数 y，y＝min(a,b)。

（2）循环体及循环变量修正。如果 a%y==0 和 b%y==0 两个条件同时成立，则退出循环，最大公约数找到即 y 值；否则执行 y－－。修正循环变量值 y－－。

（3）循环条件。y==0 是循环终止条件；反之，y>0 是循环控制条件。

源程序

```
#include<stdio.h>
int main()
{
    int   a, b, y;
    printf("Input two integer numbers:\n");
    scanf ("%d%d", &a, &b);
    y=a<b?a:b;                      /*求出两个数中较小的值*/
    for(;y>0;y--)
        if ( a%y==0 && b%y==0 )     /*y能同时被a和b整除时终止循环*/
            break;
    printf("最大公约数是%d\n", y);
    return 0;
}
```

【思考】 上述 2 种算法，哪种更简捷，哪种更容易理解。

习题

一、单项选择题

（1）关于 C 语言，下列叙述中正确的是（   ）。

　　A. 不能使用 do-while 语句构成的循环

　　B. do-while 语句构成的循环，必须用 break 语句才能退出

　　C. do-while 语句构成的循环，当 while 语句中的表达式值为非零时结束循环

　　D. do-while 语句构成的循环，当 while 语句中的表达式值为零时结束循环

（2）C 语言中 while 和 do-while 循环的主要区别是（   ）。

　　A. do-while 的循环体至少无条件执行一次

　　B. while 的循环控制条件比 do-while 的循环控制条件严格

　　C. do-while 允许从外部允许从外部转到循环体内

　　D. do-while 的循环体不能是复合语句

（3）执行下面程序片段的结果是（   ）。

```
int x=23;
do
{
```

```
        printf("%2d",x--);
   }while(!x);
```

A. 打印出 321 B. 打印出 23
C. 不打印任何内容 D. 陷入死循环

(4) 有以下程序段

```
int k=0;
while(k=1)k++;
```

while 循环执行的次数是(　　)。

A. 无限次 B. 有语法错,不能执行
C. 一次也不执行 D. 执行 1 次

(5) 语句"while(！E);"中的表达式！E 等价于(　　)。

A. E==0　　　B. E!=1　　　C. E!=0　　　D. E==1

(6) 有以下程序段

```
int n=0,p;
do{scanf("%d",&p);n++;}while(p!=12345&&n<3);
```

此处 do-while 循环的结束条件是(　　)。

A. p 的值不等于 12345 并且 n 的值小于 3
B. p 的值等于 12345 并且 n 的值大于或等于 3
C. p 的值不等于 12345 或者 n 的值小于 3
D. p 的值等于 12345 或者 n 的值大于或等于 3

(7) 有以下程序

```
#include<stdio.h>
int main()
{   int i,s=0;
    for(i=1;i<10;i+=2)
        s+=i+1;
    printf("%d\n",s);
    return 0;
}
```

程序执行后的输出结果是(　　)。

A. 自然数 1~9 的累加和 B. 自然数 1~10 的累加和
C. 自然数 1~9 中的奇数之和 D. 自然数 1~10 中的偶数之和

(8) 有如下程序,若要使输出值为 2,则应该从键盘给 n 输入的值是(　　)。

```
#include<stdio.h>
int main()
{   int s=0,a=1,n;
    scanf("%d",&n);
    do{
        s+=1;
```

```
        a=a-2;
    }while(a!=n);
    printf("%d\n",s);
    return 0;
}
```

A. －1   B. －3   C. －5   D. 0

二、阅读程序题

(1) 有以下程序

```
#include<stdio.h>
int main()
{
    char c;
    while((c=getchar())!='?')
        putchar(--c);
    return 0;
}
```

程序运行时,如果从键盘输入：Y?N?＜回车＞,则输出结果为_____。

(2) 下面程序的输出结果是_____。

```
#include<stdio.h>
int main()
{
    int i,x=10;
    for(i=1;i<=x;i++)
        if(x%i==0)
            printf("%d ",i);
    return 0;
}
```

(3) 以下程序运行后,如果从键盘上输入 1298,则输出结果是_____。

```
#include<stdio.h>
int main()
{
    int n1,n2;
    scanf("%d",&n2);
    while(n2!=0)
    {
        n1=n2%10;
        n2=n2/10;
        printf("%d",n1);
    }
    return 0;
}
```

(4) 下面程序的输出结果是_____。

```c
#include<stdio.h>
int main()
{
    int i,sum=0;
    for(i=1;i<6;i++)
        sum+=i;
    printf("%d",sum);
    return 0;
}
```

(5) 下面程序的输出结果是_____。

```c
#include<stdio.h>
int main()
{
    int i,j;
    for(i=2;i>=0;i--)
    {
        for(j=1;j<=i;j++)
            printf("*");
        for(j=0;j<=2-i;j++)
            printf("!");
        printf("\n");
    }
    return 0;
}
```

(6) 下面程序的输出结果是_____。

```c
#include<stdio.h>
int main()
{
    int i,j=0,a=0;
    for(i=0;i<5;i++)
    do
    {
        if(j%3)
            break;
        a++;
        j++;
    }while(j<10);
    printf("%d,%d\n",j,a);
    return 0;
}
```

(7) 下面程序的输出结果是_____。

```c
#include<stdio.h>
int main()
```

```
{
    int x=9;
    for( ;x>0; )
    {
        if(x%3==0)
        {
            printf("%d",--x);
            continue;
        }
        x--;
    }
    return 0;
}
```

(8) 下面程序的输出结果是_____。

```
#include<stdio.h>
int main()
{
    int i,j=2;
    for(i=1;i<=2*j;i++)
        switch(i/j)
        {
            case 0: case 1: printf("*");break;
            case 2: printf("#");
        }
    return 0;
}
```

三、程序设计题

(1) 输入 1 个正整数 n，计算下式的前 n 项之和（保留 4 位小数）。
$$e=1+1/1!+1/2!+\cdots+1/n!$$
要求使用嵌套循环和单循环两种方法实现。

(2) 猴子吃桃问题。猴子第一天摘下若干个桃子，当即吃了一半，还不过瘾，又多吃了一个。第二天早上又将剩下的桃子吃掉一半，又多吃了一个。以后每天早上都吃了前一天剩下的一半零一个。到第十天早上想再吃时，就只剩一个桃子了。求第一天共摘多少桃子。

第 6 章

函 数

　　前面章节中的程序都是规模相对较小的程序,由一个 main 函数实现。实际应用中,一个实用的程序通常有上万行的代码甚至更多,不可能完全由一个人来完成,更不可能把所有的内容都放在一个 main 函数中。现代程序设计目标主要是追求结构清晰、可读性强、易于分工合作编写和调试,结构化程序设计是编写具有良好结构程序的有效方法。

　　C 程序由一个或多个函数组成,每个函数都具有相对独立的功能。本章将从结构化程序设计方法、函数的定义、参数的传递和函数的调用等方面,介绍函数的使用,用实例讲解函数的嵌套调用和递归调用,并介绍变量的作用域、存储类别及大程序的组成。

6.1 结构化程序设计方法

　　结构化程序设计强调程序设计风格和程序结构的规范化,提倡结构清晰,基本思路是把一个复杂问题的求解过程分阶段完成,每个阶段处理的问题都控制在人们容易理解和处理的范围内,适合规模较大的程序设计。结构化程序设计包括以下 3 个步骤:

1. 自顶向下、逐层细化的分析问题方法

　　当设计解决一个复杂问题时,通常采用自顶向下、逐层细化的方法:将一个复杂的问题分解成若干个子问题;若子问题较复杂,还可以将子问题继续分解,直到分解成为一些容易解决的子问题为止。当所有的子问题都得到了解决,整个问题也就解决了。在整个过程中,每一次分解都是对上一层问题的细化和逐步求精,最终形成一种类似树形的层次结构,用来描述分析的结果。

　　例如,开发一个学生成绩管理系统,要求输入一批学生的学号、姓名和 5 门课成绩等信息,计算每个学生的平均分和每门课程的平均分,并可以实现学生信息维护、查找和排序等功能。

　　按自顶向下、逐层细化的方法分析上述问题,按功能将其分解为 4 个子问题:学生信息维护、成绩统计、排序和查找,其中每个子问题又可以分解为几个更小的子问题,其层次结构图如图 6-1 所示。

2. 模块化设计

　　设计好层次结构图后,就进入到模块设计阶段了。把每个子问题设计成一个程序段,称

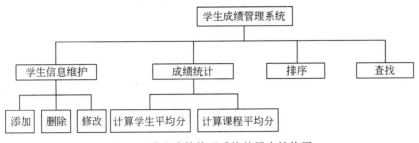

图 6-1 学生成绩管理系统的层次结构图

为模块。主模块调用其下层模块以实现程序的完整功能,每个下层模块再调用更下层的模块,从而实现程序的一个子功能,最下层的模块完成最具体的功能,主模块起着任务调度的总控作用。这种自顶向下、逐层细化的程序设计方法就是模块化程序设计方法。

模块划分遵循模块内"高内聚"、模块间"低耦合"的原则。具体体现在以下几方面:
(1) 一个模块只完成一个具体的功能。
(2) 模块之间只通过参数进行调用。
(3) 一个模块只有一个入口和一个出口。
(4) 模块内慎用全局变量。

模块化程序设计使程序结构清晰,便于程序的编写、阅读和调试。当程序出错时,只需改动相关的模块即可。模块化程序设计有利于大型软件的开发,可由多人分工合作完成。

另外,在程序设计中,常将重复使用的程序段独立出来,编写成公共模块。当在其他程序中需要使用这个功能时,只要简单调用这个模块就行了。公共模块可重复使用,这样做可以大量减少编写重复代码的工作量,提高编程效率。

在 C 语言中,模块一般通过函数来实现,一个模块对应一个函数。函数被视为 C 语言的基本逻辑单位,所以 C 语言常被称为函数式语言。在设计某一个具体的函数时,函数中包含的语句一般不超过 50 行,这样有利于思考与设计,也有利于程序的阅读和调试。

一个 C 程序是由一个 main 函数和若干个其他函数构成的,由 main 函数调用其他函数,其他函数间可以相互调用,同一个函数也可以被一个或多个函数任意调用多次,通过这种调用可以实现程序的总体功能。

根据图 6-1,对学生成绩管理系统进行如下的模块化设计:
(1) main 函数,实现主控菜单。
(2) preserve 函数,实现学生信息维护。
(3) insert 函数,实现学生信息的添加。
(4) modify 函数,实现按学号修改一个学生信息。
(5) delete 函数,按学号删除一个学生信息。
(6) statistics 函数,实现成绩统计。
(7) statistics_course 函数,计算每门课的平均分。
(8) statistics_stu 函数,计算每个学生的平均分。
(9) sort 函数,实现排序功能。
(10) search 函数,查找学生信息。

（11）output 函数，输出全部学生信息，这是一个公共模块。

函数之间的调用关系如图 6-2 所示。

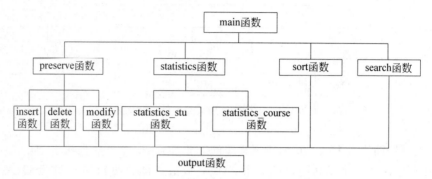

图 6-2　学生成绩管理系统的函数调用关系

3. 结构化编码

模块化设计后，每一个模块就可以独立编码了。编程时使用顺序、分支和循环三种基本控制结构来构造程序，对于复杂问题可以通过这 3 种结构的组合、嵌套实现，以清晰表示程序的逻辑结构。

结构化程序设计可以编写出"好结构"（结构清晰、容易阅读、容易修改、容易验证）的程序。

6.2　函数定义

函数是一组共同执行同一个任务的语句，包括库函数和自定义函数两种。库函数（如 scanf、printf、sqrt 等）由 C 编译系统提供库文件，编程时直接调用即可。现实世界是复杂的，用库函数不可能解决所有问题，程序员还必须根据情况自己定义能解决专门问题的函数，称为自定义函数。本章重点讨论自定义函数。

函数是一个完成特定工作的独立程序模块，函数的定义就是对函数所要完成的操作进行描述，即编写一段程序，使该段程序完成指定的功能。

下面先通过一个例子来理解一下函数的定义和使用。

【例 6-1】　计算 $y=1/5+1/6+1/7+1/8+1/9+1/10+\cdots+1/(m+5)$。

分析：C 语言中没有求上述表达式的库函数，用户可以自己设计一个 fun 函数，专门用来计算表达式的值，当 m 取不同的值时可以得到不同的表达式值。

例 6-1

源程序

```c
#include<stdio.h>
double fun(int m)
{
    double y=0;
    int i;
    for(i=0; i<=m; i++)
```

```
            y+=1.0/(i+5);
        return(y);
    }
    int main()
    {
        int n;
        printf("Enter n: ");
        scanf("%d", &n);
        printf("\nThe result is %1f\n", fun(n));
        return 0;
    }
```

上例中 double fun(int m)为函数首部，fun 是函数名，函数功能是计算表达式的值，它返回一个 double 类型的值，m 为函数的形参，类型为 int 类型。

函数首部下面{}中的内容是函数体，其中的语句用来完成函数的功能，并将结果通过 return 语句返回到 main 函数中。

通过上面的分析可以看出，函数定义的一般形式为：

```
[函数类型] 函数名([形式参数表])    ←——函数首部
{
    [说明语句序列]
                                      函数体
    [可执行语句序列]

}
```

函数定义包含函数首部和函数体两部分。

函数首部由函数类型、函数名和形式参数表(以下简称形参表)组成，位于函数定义的第一行。函数首部的最后没有分号。

注意：

(1) 函数类型指函数返回结果的数据类型，一般与 return 语句中表达式的类型一致。

如果不指定函数类型，编译器默认函数类型为 int 类型，但明确地写出返回值为 int 类型是一种良好的习惯；另外，若函数无返回值，可定义为 void 类型。

(2) 函数名必须是合法的标识符，其命名规则与变量相同。

函数名不能与其他函数、形参和函数内部的变量同名；形参名只要在同一函数中唯一即可，可以与其他函数中的变量同名。

(3) 形参表中给出函数计算所需的已知条件，以类似变量定义的形式给出，其格式为：

类型说明符 形参1,类型说明符 形参2,……,类型说明符 形参n

和变量定义不同的是每个参数必须分别定义数据类型。

(4) 如果函数无参数，可以声明其参数为 void(无)。在 C 语言中，函数参数为 void 表示这个函数不接受任何参数。

6.3 函数的调用

定义一个函数后,就可以在程序中调用这个函数。一个函数(包括 main 函数)定义后可以被其他函数或自己任意调用多次。

main 函数由系统调用,其他函数必须被 main 函数直接或间接调用才能发挥作用。

6.3.1 函数的调用形式

在程序中使用已定义好的函数,称为函数调用。如果函数 A 调用函数 B,则称函数 A 为主调函数,函数 B 为被调用函数。

C 语言中函数调用的一般形式为:

函数名([实际参数表])

函数的参数有两种:形式参数(简称形参)和实际参数(简称实参)。在定义函数时函数名后面圆括号内的变量称为形参;而在调用函数时函数名后括号内的变量或数据称为实参。

实参表中的参数可以是常量、变量或表达式,各实参之间用逗号间隔。调用时实参与形参的个数必须相同,类型应一致(若形参与实参类型不一致,系统按照自动转换原则,自动将实参类型转换为形参类型)。

函数调用的主要方式有以下几种:

1. 对于有返回值的函数,可以通过表达式调用函数

(1) 赋值语句。

例如:

```
y=fun(n);              /* 通过给变量赋值的方式调用函数 */
```

(2) 表达式。

例如:

```
if(fun(n)>1000)        /* 在条件表达式中调用 fun 函数 */
```

(3) 输出函数的实参。

例如:

```
printf("%.2lf\n",fun(100));
```

2. 对于无返回值的函数或不需要返回值的函数,函数调用单独作为一条语句

例如:

```
scanf("%f",&a);
```

6.3.2 函数的调用过程

C 程序总是从 main 函数开始执行,程序中一旦调用了某个函数,main 函数就被暂停执行,而转去执行相应的函数完成一些特定的工作,当该函数执行完成后,再返回到 main 函数中调用它的地方(原先暂停的位置),继续执行。

计算机在执行程序时,如果遇到某个函数被调用,将执行以下几步:

(1) 根据函数名找到被调用函数,按一定顺序计算各实参的值,并将实参的值传递给相应形参。若没找到,系统将报告出错信息。

(2) 暂停在主调函数中的执行,转到被调用函数的函数体中执行,形参接受实参的值。

(3) 执行被调用函数的函数体。

(4) 遇到 return 语句或函数结束的大括号时,返回主调函数,并带回函数返回值。

(5) 从主调函数的中断处继续执行后面的语句。

【例 6-2】 编写函数 fun 求 sum=d+dd+ddd+…+dd…d(n 个 d),其中 d 为 1~9 的数字。

例如:3+33+333+3333+33333(此时 d=3,n=5),d 和 n 在主函数中输入。

分析:在定义一个函数时,首先需要确定形参的个数、类型以及函数返回值的类型,形参实质上是用来接收主调函数传递过来的数据,而函数返回值是指函数执行后需返回主调函数的数据。在本例中需从主调函数传递两个参数 d(int 类型)和 n(int 类型),函数返回值为表达式的值(类型为 long 类型)。

源程序

```
int main( )
{
   int d,n;
   long sum;
   printf("d=");
   scanf("%d",&d);
   printf("n=");
   scanf("%d",&n);
   sum=fun(d,n);
   printf("sum=%ld\n",sum);
   return 0;
}
```

```
long int fun(int d,int n)
{
   long int s=0,t=0;
   int i;
   for(i=1;i<=n;i++)
   {
      t=t+d;
      s=s+t;
      d=d*10;
   }
   return s;
}
```

程序中定义了一个函数 fun,其功能是计算表达式的值。程序首先执行 main 函数,输入 d 和 n 的值,执行"sum=fun(d,n);"语句时,暂停 main 函数的执行转去调用 fun 函数,将实参 d 和 n 的值分别传递给 fun 函数的形参 d 和 n,执行 fun 函数体中的语句计算表达式的值,遇到 return 语句时程序返回到 main 函数中的断点,并将计算结果 s 赋值给 sum,接着执行 main 函数中语句"sum=fun(d,n);"后面的语句。

6.3.3 参数传递

函数调用时,实参的值传递给形参,这种方式为值传递。

在内存中,实参和形参分别占用不同的存储单元。在函数调用时,系统为形参分配存储单元,并将实参的值一一对应地传递给形参,函数调用结束,形参被释放,其存储单元被收回,实参仍将保留并维持原值。因此,当执行一个被调用函数时,形参的值如果发生变化,并不会改变主调函数中实参的值。

值传递的特点是单向传递,数据只能从实参单向传递给形参,而不能把形参的值反向传递给实参。

例 6-3

【**例 6-3**】 观察下面程序的输出结果。

```
1. #include<stdio.h>
2. void swap(int a,int b)
3. {
4.     int t;
5.     t=a;a=b;b=t;
6.     printf("(1)a=%d,b=%d\n",a,b);      /*输出 swap 函数中 a,b 的值*/
7. }
8. int main()
9. {
10.    int a=3,b=8;
11.    swap(a,b);
12.    printf("(2)a=%d,b=%d\n",a,b);      /*输出调用 swap 函数后 a,b 的值*/
13.    return 0;
14. }
```

运行结果:

```
(1) a=8,b=3
(2) a=3,b=8
```

在这个程序中,实参与形参的变量名都是 a 和 b,但它们是完全不同的变量,分别属于不同的函数,占用不同的内存单元,如图 6-3 所示。

在程序运行时,先执行 main 函数:

第 10 行:在内存中给变量 a 和 b 分别分配存储单元,并赋值为 3 和 8。

第 11 行:调用 swap 函数。

调用 swap 函数时,系统为 swap 函数的 2 个形参 a 和 b 分配存储单元,在参数传递时,将实参 a 和 b 的值分别传递给形参 a 和 b,接着执行 swap 函数的函数体,使 a 和 b 的值互换,通过语句"printf("(1)a=%d,b=%d\n",a,b);"可以验证在 swap 函数中 a 和 b 的值已经发生了交换。函数调用结束后,swap 函数中 a 和 b 所占用的存储单元被释放,程序返回到 main 函数,执行第 12 行语句,输出 main 函数中 a 和 b 的值,通过语句"printf("(2)a=%d,b=%d\n",a,b);"可以发现 main 函数中 a 和 b 的值并没有发生变化。

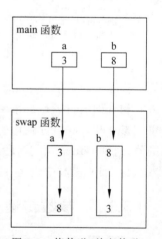

图 6-3 值传递(单向传递)

例 6-3 说明函数调用时,实参将值传给形参,但形参的改变不能影响实参,不能通过调用 swap 函数改变 main 函数中 a 和 b 的值。如何通过调用 swap 函数改变 main 函数中实参 a 和 b 的值的方法将在第 8 章"指针"详细介绍。

6.3.4 函数的返回值

函数的返回值是指调用函数后,执行函数体得到并返回给主调函数的值。被调用函数通过 return 语句把返回值返回给主调函数,return 语句可以有一个或多个,一次调用只能执行其中的一个 return 语句。

return 语句的形式为:

return 表达式;

或

return (表达式);

或

return;

当执行到 return 语句时,被调用函数结束其执行过程,程序返回到主调函数中继续执行。

说明:

(1) 函数返回值的类型必须与函数首部所说明的类型一致。如果不一致,则以函数类型为准,由系统自动进行转换。

(2) 如果 return 语句中不含表达式,它的作用只是使程序返回到主调函数中,没有确定的返回值。

(3) 如果函数体内没有 return 语句,程序就一直执行到函数的最后,直到遇到"}"为止,返回到主调函数中。

(4) return 语句只能返回一个值,如"return a,b;"返回的是逗号表达式(a,b)的值 b。

【例 6-4】 判断一个整数 w 的各位数字平方之和能否被 5 整除,可以被 5 整除则返回 1,否则返回 0。

分析:自定义函数计算需要一个整数(int)的参数,返回值有两种状态,可以用整型(int)数 0 和 1 来表示。

源程序

```
#include<stdio.h>
int fun(int w)
{
    int s=0;
    do
    {
        s=s+(w%10) * (w%10);
        w=w/10;
    }while(w!=0);
    if(s%5==0)
        return 1;
    else
```

```
        return 0;
}
int main()
{
    int m;
    printf("Enter m: ");
    scanf("%d", &m);
    printf("The result is %d\n", fun(m));
    return 0;
}
```

运行结果：

```
Enter m: 1234✓
The result is 1
```

在这个函数中有两个 return 语句，并不是同时返回两个值，而是根据 m 值的大小执行相应的 return 语句，并返回所需要的结果。

【例 6-5】 找出一个大于给定整数 n 且紧随这个整数的素数，并作为函数值返回。

分析：在函数定义时，需要双重循环，外循环变量 i 从 n+1 开始，每次加 1，直到 i 是素数为止，内循环判断 i 是否为素数。

源程序

```
#include<stdio.h>
int fun(int n)
{
    int i,k;
    for(i=n+1;;i++)
    {
        for(k=2;k<i;k++)
            if(i%k==0)
                break;
        if(k==i)
            return i;
    }
}
int main()
{
    int m;
    printf("Enter m: ");
    scanf("%d", &m);
    printf("\nThe result is %d\n", fun(m));
    return 0;
}
```

运行结果：

```
Enter m: 20↙
The result is 23
```

和其他函数相比,main 函数比较特殊,它是由系统调用的,使得 C 程序从 main 函数开始执行。实际编程时,main 函数通常写为以下三种形式:

```
void main()                  int main()                   int main(void)
{                            {                            {
    …                            …                            …
    return;                      return 0;                    return 0;
}                            }                            }
```

第三种形式最规范,但为了书写简便,本书大部分程序采用了第二种形式。

6.3.5 函数原型声明

一个函数的定义可以放在任意位置,既可以放在 main 函数之前,也可以放在 main 函数之后。

C 语言要求函数先定义后调用,就像变量先定义后使用一样。如果函数的定义在主调函数后面,就需要在函数调用前,进行函数原型声明。

函数声明的目的主要是说明函数的类型和参数的情况,以保证程序编译时能判断对该函数的调用是否正确。函数声明的一般形式为:

[函数类型] 函数名([形参表]);

说明:

(1) 函数声明与函数首部相同,唯一的区别是函数原型的末尾多了一个分号。
(2) 括号内的形参表中,形参变量名可以省略,只给出形参的类型即可。
(3) 如果省略函数类型,则默认的函数返回值类型为 int。

当被调用函数的定义出现在主调函数之前,可以不对函数进行声明,本章前面的例子就采用的这种规则,未对被调用函数声明。

【例 6-6】 公式 $e=1+1/1!+1/2!+1/3!+\cdots$,求 e 的近似值,精度为 10^{-6}。

源程序

```c
#include<stdio.h>
double fun(double f);                    /* fun 函数声明 */
int main()
{
    printf("e=%f\n",fun(1e-6));
    return 0;
}
double fun(double f)                     /* 函数功能:计算 e,精度为 f */
{
    double e=1;
    double jc=1;                         /* 求阶乘,结果存入 jc 中 */
```

```
        int i=1;
        while(1/jc>=f)
        {
            e=e+1/jc;
            i++;
            jc=jc*i;
        }
        return e;
    }
```

运行结果：

```
e=2.718279
```

在这个程序中，在 main 函数前面对 fun 函数原型进行了声明。对函数的"定义"和"声明"是有区别的。"定义"是指对函数功能的确立，包括指定函数名、函数值类型、形参及其类型、函数体等，它是一个完整的、独立的函数，而"声明"的作用则是把函数的名字、函数类型以及形参的类型、个数和顺序通知编译系统，以便在调用该函数时系统按此进行对照检查（例如函数名是否正确，实参与形参的类型、个数、顺序是否一致）。

有人认为只要把所有函数的定义都放在前面，即函数先定义后调用，就不需要对函数进行声明了，这种想法是狭隘的。为了提高程序的可读性和可维护性，一个好的程序员总是在程序的开头声明所有用到的函数。一般来说，比较好的程序书写顺序是：先写函数的声明，然后写 main 函数，最后再写用户自定义函数。

6.4 函数的嵌套调用和递归调用

函数的嵌套调用是在函数中再调用其他函数，函数的递归调用是在函数中再调用该函数自身。

6.4.1 函数的嵌套调用

在 6.1 节"结构化程序设计方法"中已经介绍了结构化程序设计的思想：当设计解决一个复杂问题时，通常将一个复杂的问题划分成若干个小问题；若小问题较复杂，还可以继续分解更小问题，直到分解成为一些容易解决的小问题为止。写程序时，用 main 函数解决整个问题，它调用解决小问题的函数，而这些函数进一步调用解决更小问题的函数，从而形成函数的嵌套调用。图 6-2 显示的就是学生成绩管理系统的函数嵌套调用。

在图 6-4 中，main 函数在执行过程中调用了 a 函数，这时中断 main 函数的执行，转而执行 a 函数；执行 a 函数的函数体时又调用了 b 函数，这时中断 a 函数的执行，转而执行 b 函数；b 函数执行完毕后回到 a 函数，a 函数从中断点继续向下执行，a 函数执行完后又回到了 main 函数，最后 main 函数从中断点接着执行后续的程序。

【例 6-7】 求三个数中最大数和最小数的差值。

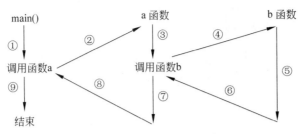

图 6-4 函数的嵌套调用示意图

源程序

```c
#include<stdio.h>
int dif(int x,int y,int z);                /*dif 函数的声明*/
int max(int x,int y,int z);                /*max 函数的声明*/
int min(int x,int y,int z);                /*min 函数的声明*/
int main()
{
    int a,b,c,d;
    scanf("%d%d%d",&a,&b,&c);
    d=dif(a,b,c);
    printf("max-min=%d\n",d);
    return 0;
}
int dif(int x,int y,int z)
{
    return max(x,y,z)-min(x,y,z);
}
int max(int x,int y,int z)
{
    int r;
    r=x>y?x:y;
    return(r>z?r:z);
}
int min(int x,int y,int z)
{
    int r;
    r=x<y?x:y;
    return(r<z?r:z);
}
```

运行结果：

```
12 43 23↙
max-min=31
```

在本例中 main 函数调用了 dif 函数，dif 函数又调用了 max 和 min 函数。

6.4.2 函数的递归调用

递归作为一种算法在程序设计语言中广泛应用,它可以被用于解决很多的计算机科学问题。

1. 递归方法

递归是一种简化复杂问题求解过程的手段,它通常把一个大型复杂的问题层层转化为一个与原问题相似的规模较小的问题来求解,递归策略只需少量的程序就可描述出解题过程所需要的多次重复计算,大大地减少了程序的代码量。

用递归求解问题分为递推和回归两个阶段。

(1)递推阶段:为得到问题的解,将它推到比原问题简单的问题的求解过程。

如:求 5!,其递推过程如下:

5!=5*4!;4!=4*3!;3!=3*2!;2!=2*1!;1!=1

(2)回归阶段:简单问题得到解后,回归到原问题的解上来。

如:1!=1;2!=2*1!=2;3!=3*2!=6;4!=4*3!=24;5!=5*4!=120

采用递归方法来解决问题,有两个要点:

(1)递归出口:即递归的结束条件,到何时不再递归调用下去。上例为 1!=1。

(2)递归式子:递归的表达式,上例为 n!=n×(n-1)!。可以把要解决的问题转化为一个新问题,而这个新问题的解决方法仍与原来的解决方法相同,只是所处理的对象有规律地递减。

如:数学中阶乘、幂函数、Fibonacci 数列等均可以用递归方法实现。

2. 函数的递归调用

用递归解决问题的思想体现在程序设计上,可以用函数的递归调用实现。

一个函数在它的函数体内直接或间接调用自己称为递归调用,这种函数称为递归函数。实际上递归调用是嵌套调用的一种特殊形式。C 语言允许函数的递归调用,递归调用可以使程序简洁、代码紧凑,但会降低程序的运行效率。

【**例 6-8**】 用递归法计算阶乘,可用下述公式表示:

$$n! = \begin{cases} 1 & n=1 \\ n \times (n-1)! & n>1 \end{cases}$$

例 6-8

分析:上述公式明确了递归出口为:1!=1,递归式子:n!=n×(n-1)!。

源程序

```
#include<stdio.h>
float ff(int n)
{
    float f;
    if(n==1) f=1;           /*递归出口*/
    else f=ff(n-1)*n;       /*递归式子*/
    return f;
}
```

```c
int main()
{
    int n;
    float y;
    printf("请输入一个正整数: ");
    scanf("%d",&n);
    y=ff(n);
    printf("%d!=%.0f\n",n,y);
    return 0;
}
```

运行结果:

```
请输入一个正整数: 5✓
5!=120
```

设执行本程序时输入为 5,即求 5!。在 main 函数中的调用语句即为 y＝ff(5),进入 ff 函数后,由于 n＝5,故应执行 f＝ff(n－1)＊n,即 f＝ff(5－1)＊5。该语句对 ff 作递归调用即 ff(4)。逐次递归展开如图 6-5 所示。进行四次递归调用后,ff 函数形参取得的值变为 1,故不再继续递归调用而开始逐层返回主调函数。ff(1)的函数返回值为 1,ff(2)的返回值为 1＊2＝2,ff(3)的返回值为 2＊3＝6,ff(4)的返回值为 6＊4＝24,最后返回值 ff(5)为 24＊5＝120。

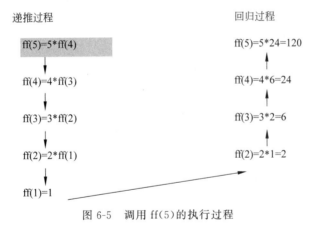

图 6-5　调用 ff(5)的执行过程

【例 6-9】　用递归方法计算 Fibonacci 数列前 n 项的值。

$$Fib=\begin{cases}1 & n=1\\ 1 & n=2\\ Fib(n-1)+Fib(n-2) & n>2\end{cases}$$

源程序

```c
#include<stdio.h>
long Fib(int n);
int main()
{
```

```c
    int i,n;
    printf("请输入 n 的值: ");
    scanf("%d",&n);
    for(i=1;i<=n;i++)
        printf("Fib(%d)=%ld\n",i,Fib(i));
    return 0;
}
long Fib(int n)
{
    long f;
    if(n==1) f=1;                    /*递归出口 1*/
    else if(n==2) f=1;               /*递归出口 2*/
    else f=Fib(n-1)+Fib(n-2);        /*递归式子*/
    return f;
}
```

运行结果：

```
请输入 n 的值: 8↙
Fib(1)=1
Fib(2)=1
Fib(3)=2
Fib(4)=3
Fib(5)=5
Fib(6)=8
Fib(7)=13
Fib(8)=21
```

递归总结：

（1）递归程序设计的关键是归纳出递归式子，不同的问题递归式子也不同，需要具体问题具体分析，然后确定递归出口，递归函数的核心语句就是递归式子和出口。

（2）用递归编写程序更直观、更清晰、可读性更好，尤其适合非数值计算问题，如 Hanoi 塔问题、旅行售货商问题、八皇后问题等。但由于递归调用过程中，系统要为每一层调用中的变量开辟存储空间、要记住每一层调用后的返回点，会增加许多额外的开销，因此函数的递归调用通常会降低程序的运行效率。

6.5 变量的作用域和存储类别

6.5.1 变量的作用域

C 程序是由若干个函数组成的，在函数体内和函数体外都可以定义变量，不同位置定义的变量，其作用范围不同。变量的作用域是指其有效范围。

C 语言中的变量，按作用域可分为局部变量和全局变量两种。

1. 局部变量

在本书前面的程序中，变量都是定义在函数内部，它们的使用范围被局限在函数内部。在函数内部定义的变量称作局部变量，局部变量的作用域是所定义的函数。

```
float ff1(int a)
{
    int b,c;         ⎫
    ...              ⎬  a,b,c 有效
}                    ⎭
float ff2(int x,int y)
{
    int x1,y1;       ⎫
    ...              ⎬  x,y,x1,y1 有效
}                    ⎭
int main()
{
    int m,n;         ⎫  m,n 有效
    ...              ⎬
}                    ⎭
```

说明：

(1) main 函数也是一个函数，它内部定义的变量也只能在 main 函数内部使用，而不能在其他函数中使用。

(2) 不同的函数中可以使用相同的变量名，但它们是不同的变量。函数在执行时，系统给局部变量分配单独的存储空间，所以虽然变量名是一样的，但占用不同的存储空间。这样做有个好处，可以在函数内部根据需要设置变量名，不必担心因与其他函数中变量名相同而相互影响。

(3) 形参属于局部变量，作用范围在定义它的函数内，所以在定义函数时形参和函数体内的变量是不能重名的。

(4) 在复合语句内部也可以定义变量，这些变量的作用域只在本复合语句中。只在需要的时候再定义变量，这样做可以提高内存的利用率。

【例 6-10】 局部变量的作用域。

```
1.  #include<stdio.h>
2.  int main()
3.  {
4.      int i=2,j=3,k;          /* k 为局部变量,作用域为整个 main 函数 */
5.      k=i+j;
6.      {
7.          int k=8;
8.          printf("%d  ",k);   /* 这个 k 也是局部变量,作用域为复合语句内部 */
9.      }
10.     printf("%d\n",k);
```

```
11.    return 0;
12. }
```

运行结果：

```
8 5
```

程序在 main 函数中定义了 i、j、k 三个变量，而在复合语句内又定义了一个变量 k，请注意这两个 k 不是同一个变量。程序第 5 行的 k 为 main 函数内定义，其值为 5；第 8 行输出 k 值，该行在复合语句内，由复合语句内第 7 行定义的 k 起作用，值为 8，故输出值为 8；而第 10 行已在复合语句之外，输出的 k 应为 main 函数内定义的 k，值为 5。

2. 全局变量

在函数外部定义的变量称作全局变量。全局变量的作用域是从定义变量的位置开始到本源文件结束，可为本源文件的所有函数所共用。

```
int x,y;
float f1(int a)
{
    …
}
float a,b;
int main()
{
    int m,n;
    …
    return 0;
}
```
（x,y 作用域覆盖整个文件；a,b 作用域从定义处开始）

说明：

（1）在一个函数内部，既可以使用本函数定义的局部变量，也可以使用在此函数前定义的全局变量。在上面的例子中，main 和 f2 函数中可以使用全局变量 a,b,x,y，而在 f1 函数内只能使用全局变量 x,y。

（2）全局变量使函数间多了一种传递数据的方式。如果在一个程序中各个函数都要对同一个数据进行处理，就可以将这个数据定义成全局变量。另外，采用这种方式，可以从某个函数内部得到多个计算值。

（3）建议尽量减少使用全局变量。因为结构化程序设计要求各模块间的耦合性要尽量低，即各模块间传递的信息要尽量少、各模块的独立性要高。

各函数在使用了全局变量后，实际上相当于隐含地在各函数间进行了信息的传递，这样函数与其他函数的耦合性变高。我们设计函数的目的是让它能够独立的完成一个任务，将来在需要的时候可以不加修改地在其他程序中使用。如果一个函数中使用了全局变量，那么在移植这个函数时就要连同这些全局变量一起移植，还要保证全局变量移植后不会对其他函数造成影响。

一旦定义了全局变量，它就要占用内存直到整个程序结束，这样内存的利用率较低。所以应尽量少使用全局变量。其实对全局变量的使用全部可以通过参数的传递来完成。

（4）全局变量的作用范围是从定义位置起直到源文件结束。如果想在定义全局变量之前直接使用全局变量是不可能的，所以通常把全局变量的定义放在源文件的开始。

（5）如果不对全局变量进行初始化，则系统自动对其赋初值为0。

（6）如果在函数内部，局部变量和全局变量重名，局部变量起作用，全局变量被"屏蔽"。

【例6-11】 全局变量与局部变量同名。

源程序

```
#include<stdio.h>
int a=3,b=5;
int max(int x,int y)
{
    int z;
    z=x>y?x:y;
    return z;
}
int main()
{
    int a=8;
    printf("%d\n",max(a,b));
    return 0;
}
```

运行结果：

8

全局变量 a 与 main 函数中局部变量 a 同名，main 函数中引用的是局部变量 a 的值 8，在调用 max 函数时，把 a(8)、全局变量 b(5)传递给 max 函数中的形参 x、y，计算得到 8 返回给 main 函数。

6.5.2 变量的存储类型

在 C 语言中，变量和函数都有两个属性：数据类型和存储类型，因此，变量定义的完整形式为：

存储类型　数据类型　变量名表；

变量的存储类型是指编译器为变量分配内存的方式，它决定变量的生存期，即变量何时"生"（分配内存空间）、何时"灭"（释放内存空间）。

1．变量存储的内存分布

为了便于计算机存储管理，C 语言把保存所有变量的数据区分成静态存储区和动态存储区，它们的管理方式不同。图 6-6 显示了执行例 6-11 时的内存分布情况。

静态存储区用于存放全局变量和静态变量，在程序的整个运行过程中它们始终占据固

图 6-6　执行例 6-11 时的内存分布示意图

定的存储单元;动态存储区中保存的变量是指在程序运行期间,根据需要为其动态分配存储空间,使用结束后立即释放该变量所占的存储空间。

变量的存储类型有 4 种:

(1) auto:自动变量。
(2) static:静态变量。
(3) extern:外部变量。
(4) register:寄存器变量。

例如:

```
extern int x,y;         /*将整型变量 x 和 y 声明为外部变量*/
static float a;         /*声明 a 为静态实型变量*/
```

2. 自动变量(auto)

在默认的情况下,所有的局部变量都是自动变量,这些变量存储在动态存储区。当函数被调用时,系统为该函数的形参和局部变量分配内存,函数调用结束时,系统释放该函数的所有形参和局部变量。

自动变量的定义为:

```
auto 数据类型    变量名表;
```

在 C 语言中,auto 为默认存储类型,auto 关键字可以省略。

在前几章中,程序中使用的均是自动变量。自动变量如果不对其进行赋初值,它的值是随机值。

3. 寄存器变量(register)

为了提高效率,C 语言允许将局部变量的值存放在 CPU 的寄存器中,这种变量叫寄存器变量,用关键字 register 定义。例如:

```
register int a;
```

由于寄存器的存取速度要比内存快得多,把一些在程序中频繁使用的局部变量存放在寄存器中,可以提高程序的运行效率。

现代编译器能自动优化程序,自动将普通变量优化为寄存器变量,而程序中指定 register 变量可以自动忽略,因此实际上用 register 声明变量是不必要的。

4. 静态局部变量

凡是用关键字 static 定义的变量称为静态变量。静态变量全部存储在静态存储区，在程序的运行期间一直存在。和全局变量一样，静态变量如果不对其进行赋初值，那么系统自动对其赋值为 0。

根据变量定义的位置不同，静态变量分为静态局部变量和静态全局变量。

静态局部变量指的是在函数内部用关键字 static 定义的变量，这种变量的作用范围是定义它的函数内。静态局部变量的特点是程序执行前变量被分配在静态存储区，并赋初值一次，在函数调用结束后，它的值仍然存在，当再次调用该函数时，静态变量上次调用结束时的值就作为本次调用的初值。

注意：虽然静态局部变量在函数返回后依然存在，但由于它是局部变量，所以其他函数仍然不能使用它。

【**例 6-12**】 静态局部变量的值。
源程序

例 6-12

```
#include<stdio.h>
int f(int a)
{
    int b=0;
    static int c=3;
    b++;
    c++;
    return(a+b+c);
}
int main()
{
    int a=2,i;
    for(i=0;i<3;i++)
        printf("%d ",f(a));
    return 0;
}
```

运行结果：

```
7 8 9
```

上例中 f 函数中 c 为静态局部变量，在程序运行前，赋初值为 3。首次调用 f 函数时，c 的值为 3，函数执行后 c 的值为 4，函数返回后变量 c 依然存在；第 2 次、第 3 次调用函数 f 时，c 的初值都是上一次调用结束时的值，分别为 4 和 5。而局部变量 b 在每次调用 f 函数时初值都是 0。

全局变量虽然存储在静态存储区，但不一定是静态变量，必须由 static 加以定义后才能成为静态全局变量。

静态全局变量和外部变量只有在 C 程序由多个源文件组成时使用才有意义，它们的具体使用请参看 6.7 节"大程序的组成"。

6.6 预处理命令

前面章节中我们经常用到♯include 和♯define 命令,它们都属于预处理命令。预处理是 C 语言的一个重要功能,预处理命令是 C 语言编译系统在对源文件进行编译前需要由预处理程序处理的命令,它们可以出现在程序中的任意位置,其作用域是从说明的位置开始到所在的源文件末尾,一般情况下将预处理命令放在源文件的首部。预处理命令都是以♯开头,末尾不加分号。

C 语言提供了多种预处理命令,合理地使用预处理功能编写的程序便于阅读、修改、移植和调试,也有利于模块化程序设计。C 提供的预处理命令主要有以下 3 种:

(1) 宏定义:♯define。
(2) 文件包含:♯include。
(3) 条件编译:♯if。

6.6.1 宏定义

C 语言中允许用一个标识符来表示一个字符串,称为"宏"。被定义为"宏"的标识符称为"宏名"。通过预处理命令♯define 指定的预处理就是宏定义。在编译预处理时,对程序中所有出现的"宏名",都用宏定义中的字符串去替换,这称为"宏展开"或"宏代换"。

宏定义是由宏定义命令完成的,宏展开是由 C 编译预处理程序自动完成的。在 C 语言中,"宏"分为无参宏和有参宏。

1. 无参宏

无参宏即宏名之后不带参数,只是简单的文本替换,一般形式为:

#define　标识符　字符串

其中的以♯开头表示这是一条预处理命令,define 为宏定义命令。标识符为所定义的宏名。字符串可以是常数、表达式、格式串等。

例如:

#define PI 3.1415926

PI 是宏名,这个宏定义是将 PI 定义为 3.1415926,它的作用是在编译预处理时,将源文件中所有的 PI 都替换为 3.1415926。这种方法使用户能以一个简单的名字代替一个较长的字符串,不必在程序中多次重复书写长字符串。

【例 6-13】 使用无参宏定义计算圆的周长、面积、球的体积。
源程序

```
#include<stdio.h>
#define PI 3.1415926
int main()
```

```
{
    float l,s,r,v;              /* l表示圆的周长、s表示圆的面积、v表示球的体积 */
    printf("请输入半径:");
    scanf("%f",&r);
    l=2*PI*r;
    s=PI*r*r;
    v=4.0/3*PI*r*r*r;
    printf("l=%f,s=%f,v=%f\n",l,s,v);
    return 0;
}
```

运行结果：

```
请输入半径:3.5↙
l=21.991148,s=38.484509,v=179.594377
```

说明：

(1) 宏名一般用大写字母，以便和普通变量区别开，但这不是硬性规定。

(2) ♯与 define 之间没有空格，宏名两侧至少用一个空格间隔。

(3) 宏展开时只作字符串的简单替换，没有任何计算功能，不做任何语法检查，所以只能在编译时才能发现其错误。

(4) 宏名的有效范围为定义命令之后到本源文件结束。如要终止其作用域可使用♯undef 命令。

(5) 宏定义不是语句，不要在末尾加分号，如加上分号则宏展开时需要连分号也一起替换。

(6) 宏定义允许嵌套，在宏定义的字符串中可以使用已经定义的宏名。在宏展开时由预处理程序层层替换。

【例 6-14】 宏定义的嵌套。

源程序

```
#include<stdio.h>
#define R 3.0
#define PI 3.1415926
#define L 2*PI*R
#define S PI*R*R
int main()
{
    printf("L=%f\nS=%f\n",L,S);
    return 0;
}
```

运行结果：

```
L=18.849556
S=28.274333
```

程序中出现在双引号中的字符,如果与宏名相同,不进行替换。例如 printf 函数双引号中的 L 和 S 就不能被替换。

2. 有参宏

带参数的宏定义,在宏定义中的参数称为形参,使用宏时参数称为实参。对有参宏,在宏展开时需要用实参去替换形参,其一般形式为:

#define 宏名(参数表) 字符串

字符串中应包含参数表中的参数。例如:

```
#define  S(a,b) a*b
 ……
area=S(3,2);
```

程序段中用 3 和 2 分别代替宏定义中的形参 a 和 b,用 3*2 代替 S(3,2)。因此赋值语句展开为:area=3*2。

【例 6-15】 有参宏的使用。

源程序

```
#include<stdio.h>
#define N 5
#define Q(X,Y) (X)*(Y)
#define M(X,Y) X*Y
int main()
{
    double a,b,c;
    a=M(3,8);
    b=16.0/Q(N+3,N);
    c=16.0/M(N+3,N);
    printf("a=%.2f\nb=%.2f\nc=%.2f\n",a,b,c);
    return 0;
}
```

运行结果:

```
a=24.00
b=10.00
c=18.20
```

说明:

(1) 在替换带参数的宏名时,宏名后的一对圆括号必不可少,括号中的实参个数应该与形参个数相同,若有多个参数,它们之间用逗号隔开。

(2) 赋值语句"a=M(3,8);",宏调用时用 3 和 8 分别代替 M(X,Y)中的形参 X 和 Y,用 3*8 代替 S(3,8),a 经宏展开后为:a=3*8=24。

(3) 赋值语句"b=16.0/Q(N+3,N);",宏调用时用 N+3 和 N 分别代替 Q(X,Y)中的

形参 X 和 Y，使(X)*(Y)变为(N+3)*(N)，此后再用 5 代替 N，这样 b 经宏展开后为：

b=16.0/(N+3)*(N)=16.0/(5+3)*(5)=10

注意：因为(X)*(Y)中 X 和 Y 两侧有括号，所以替换时 X 和 Y 两侧的括号不可少。

(4) 赋值语句"c=16.0/M(N+3,N);"，宏调用时用 N+3 和 N 分别代替 M(X,Y)中的形参 X 和 Y，使 X*Y 变为 N+3*N，此后再用 5 代替 N，这样 c 经宏展开后为：

c=16.0/N+3*N=16.0/5+3*5=18.2

注意：因为 X*Y 中 X 和 Y 两侧没有括号，所以替换时不要对 X 和 Y 两侧随意加括号。

(5) 调用函数只可得到一个返回值，而用宏可以设法得到多个结果。

(6) 宏展开不占运行时间，只占编译时间。而函数调用则占运行时间(分配单元、保留现场、值传递、返回)。一般用宏来代替简短的函数较合适。

6.6.2 文件包含

文件包含是指一个源文件可以将另外一个源文件的全部内容包含进来，即将另外的文件包含到本文件之中。C 语言用 #include 命令来实现文件包含的功能，在前面章节已多次使用此命令，例如：#include "stdio.h"、#include<math.h>等。

#include 命令要求其后的文件名必须用尖括号或一对双引号括起来。

文件包含命令行的一般形式为：

#include<文件名>

或

#include"文件名"

用尖括号或一对双引号将文件名括起来，决定了对这个指定文件的搜索方式。如果文件名用尖括号括起来，这是一种标准方式，C 编译系统将在系统指定的路径(即库函数头文件所在的子文件夹)下查找相应的文件名。如果文件名用双引号括起来，系统首先在源文件所在的文件夹中查找指定的包含文件，如果找不到，再按照系统指定的标准方式到有关文件夹中去查找。用户往往将自己所编写的包含文件放在自己所建立的文件夹下，因此，在引用自己编写的包含文件时，一般采用双引号的形式。而在引用系统提供的包含文件时，一般采用尖括号的形式。

对文件包含命令还要说明以下几点：

(1) #include 命令行应书写在文件的开头，故有时也把包含文件称作"头文件"。头文件名可以由用户指定，其后缀不一定用".h"。

(2) 一个 C 程序中允许有多个 include 命令行，一个 include 命令只能指定一个被包含文件。

(3) 文件包含允许嵌套，即在一个被包含的文件中又可以包含另一个文件。

文件包含命令的功能是：预处理程序查找指定的被包含文件，并将其复制插入到 #include 命令出现的位置上，从而把指定的文件和当前源文件连成一个源文件。

在程序设计中，文件包含用途很广。一个大的程序可以分为多个模块，由多个程序员分别编程。有些公用的符号常量或宏定义等可单独组成一个文件,在其他文件的开头用文件包含命令包含该文件即可使用。这样,可避免在每个源文件开头都去书写那些公用量,从而节省时间,减少出错。

6.7 大程序的组成

结构化程序设计是编写出具有良好结构程序的有效方法。如果需要编写的程序规模较大,需要多人合作完成,每个人编写的程序最好单独保存在自己的源程序文件(.c,以下简称源文件)中,最后再组合成一个程序。

6.7.1 C 程序的组成

在 C 语言中,一个程序可以由一个或多个源文件组成,一个源文件又可以包含多个函数,C 程序的组成如图 6-7 所示。

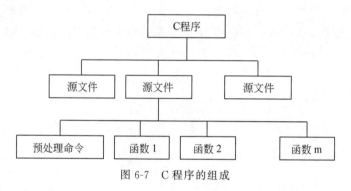

图 6-7　C 程序的组成

当大程序分成多个源文件后,可以对各源文件分别编译(文件是一个独立的编译单位)生成目标文件,再把编译好的多个目标文件连接起来,生成一个可执行程序。

一个 C 语言程序可以由多个源文件组成,整个程序只允许有一个 main 函数,程序的运行从 main 函数开始,在 main 函数结束。包含 main 函数的源文件称为主文件。为了能调用写在其他源文件中的函数,文件包含是一个有效的解决方法。

除了文件包含方式外,VC++ 2010 还提供了通过建立项目的方式来实现多文件的连接。

6.7.2 源文件间的通信

在一个源文件中定义的全局变量和函数能否被其他源文件所引用呢?

1. 外部变量与静态全局变量

前面介绍了局部变量和全局变量的概念,局部变量仅在函数内部有效,而全局变量可以在整个程序中起作用。如果 C 程序包含多个源文件,根据全局变量是否能被其他文件使用,可将全局变量分为外部变量和内部全局变量(又称为静态全局变量)。

可以通过外部变量的声明，使全局变量的作用域扩展到其他源文件；也可以通过定义静态全局变量，将其作用域仅限制在一个源文件中。

（1）外部变量。如果想在本源文件中访问其他源文件中的全局变量，可在本源文件中使用关键字 extern 来声明全局变量，以扩展外部变量的作用域，其格式为：

`extern 数据类型 变量名;`

外部变量只能在一个源文件中定义一次，但可以在其他需要使用它的源文件中使用 extern 声明多次。

（2）静态全局变量。如果本源文件中的全局变量不需要在其他源文件使用，可以使用关键字 static 来定义该全局变量，使该变量只能在本源文件中使用，称为静态全局变量。对全局变量的这种规定，使得多人分工合作来完成一个任务变得容易，不用担心自己的全局变量名与其他人的重名。

2. 内部函数与外部函数

跟全局变量一样，函数也分为内部函数和外部函数两种。函数的默认属性为外部函数，加 static 说明的函数为内部函数。

（1）外部函数。如果想在本源文件调用其他源文件中定义的外部函数，可在本源文件中使用关键字 extern 来对函数进行外部声明。声明格式为：

`extern 函数类型 函数名([形参表]);`

extern 表示所声明的函数是外部函数，其定义在其他源文件中。一般情况下，关键字 extern 可以省略。编译时如果在当前源文件中找不到该函数的定义，自动认为该函数为外部函数。如果该函数在其他源文件中也没有定义，在程序连接时会给出错误信息。

（2）内部函数。如果函数只能被本源文件的函数调用，则称此函数为内部函数。在定义内部函数时，需要在函数定义前面加上关键字"static"。声明格式为：

`static 函数类型 函数名([形参表]);`

有了内部函数的概念后，在不同的源文件中可以有相同的函数名而不会发生冲突，增加源文件的独立性。

一、单项选择题

（1）在调用函数时，如果实参是简单变量，它与对应形参之间的数据传递方式是（　　）。

　　A. 地址传递　　　　　　　　B. 单向值传递

　　C. 由实参传给形参，再由形参传回实参　　D. 传递方式由用户指定

（2）C 语言中不可以嵌套的是（　　）。

　　A. 函数调用　　B. 函数定义　　C. 循环语句　　D. 选择语句

（3）有如下函数调用语句"func(rec1,rec2＋rec3,(rec4,rec5));"该函数调用语句中，实

参个数是(　　)。

    A. 3   B. 4   C. 5   D. 有语法错

(4) 以下所列的各函数首部中,正确的是(　　)。

  A. void play(var : Integer, var b : Integer)

  B. void play(int a, b)

  C. void play(int a, int b)

  D. Sub play(a as integer, b as integer)

(5) 以下只有在使用时才为该类型变量分配内存的存储类别说明是(　　)。

  A. auto 和 static   B. auto 和 register

  C. register 和 static   D. extern 和 register

(6) 以下叙述中正确的是(　　)。

  A. 构成 C 程序的基本单位是函数

  B. 可以在一个函数中定义另一个函数

  C. main 函数必须放在其他函数之前

  D. 所有被调用的函数一定要在调用之前进行定义

(7) C 语言中,函数类型的定义可以缺省,此时函数的隐含类型是(　　)。

  A. void   B. int   C. float   D. double

(8) 若程序中定义了以下函数:

```
double myadd(double a,double b)
{return(a+b);}
```

放在调用语句之后,则在调用之前应该对函数进行声明,以下选项中错误的声明是(　　)。

  A. double myadd(double a, b);

  B. double myadd(double, double);

  C. double myadd(double b, double a);

  D. double myadd(double x, double y);

(9) C 程序中的宏展开是在(　　)。

  A. 编译时进行的   B. 程序执行时进行的

  C. 编译前预处理时进行的   D. 编辑时进行的

(10) 下列程序输出结果是(　　)。

```
#include<stdio.h>
#define N 5
#define M N+1
#define f(x) (x*M)
int main()
{
    int i1,i2;
    i1=f(2);
    i2=f(1+1);
```

```
        printf("%d %d\n",i1,i2);
        return 0;
    }
```
  A. 12　12   B. 11　7   C. 11　11   D. 12　7

(11) 以下叙述中正确的是(　　)。

  A. 预处理命令行必须位于 C 源程序的起始位置

  B. 在 C 语言中,预处理命令行都以"#"开头

  C. 每个 C 程序必须在开头包含预处理命令行：#include

  D. C 语言的预处理不能实现宏定义和条件编译的功能

(12) 有以下程序：

```
#define f(x)    (x * x)
int main()
{
    int i1, i2;
    i1=f(8)/f(4);
    i2=f(4+4)/f(2+2);
    printf("%d, %d\n",i1,i2);
    return 0;
}
```

程序运行后的输出结果是(　　)。

  A. 64,28   B. 4,4   C. 4,3   D. 64,64

二、阅读程序题

(1) 下列程序的输出结果是＿＿＿＿。

```
#include<stdio.h>
int f()
{
    static int i=0;
    int s=1;
    s+=i;
    i++;
    return s;
}
int main()
{
    int i,a=0;
    for(i=0;i<5;i++) a+=f();
    printf("%d\n",a);
    return 0;
}
```

(2) 下列程序的输出结果是_____。

```c
#include<stdio.h>
int d=1;
void fun (int p)
{
    int d=5;
    d+=p++;
    printf("%d",d);
}
int main()
{
    int a=3;
    fun(a);
    d+=a++;
    printf("%d\n",d);
    return 0;
}
```

(3) 下列程序的输出结果是_____。

```c
#include<stdio.h>
int f(int n)
{
    if (n==1) return 1;
    else return f(n-1)+3;
}
int main()
{
    int i,j=0;
    for(i=1;i<4;i++)
        j+=f(i);
    printf("%d\n",j);
    return 0;
}
```

三、程序填空题

(1) 程序功能：计算并输出 high 以内最大的 10 个素数之和，high 由 main 函数传给 fun 函数，若 high 的值为 100，则函数的值为 732。

```c
#include<stdio.h>
int fun(int high)
{
    int sum=0,  n=0,  j,  yes;
/***********SPACE***********/
    while ((high >=2) && ( 【1】 ))
```

```
        {
            yes=1;
            for(j=2; j<=high/2; j++)
/***********SPACE***********/
                if(  【2】  )
                {
                    yes=0;
                    break;
                }
                if(yes)
                {
                    sum +=high;
                    n++;
                }
            high--;
        }
/***********SPACE***********/
        【3】
}
int main()
{
    printf("%d\n", fun (100));
    return 0;
}
```

(2) 程序功能：计算 sum＝1＋(1＋1/2)＋(1＋1/2＋1/3)＋…(1＋1/2＋…1/n)的值。
运行程序,输出：sum＝4.333333。

```
#include<stdio.h>
double f(int n)                    /* 函数功能是求 1+1/2+…+1/n 的值 */
{
    int i;
    double s;
    s=0;
    for(i=1;i<=n;i++)
/***********SPACE***********/
        【1】
    return s;
}
int main()
{
    int i,m=3;
    double sum=0;
    for(i=1;i<=m;i++)
/***********SPACE***********/
        【2】
```

```
/***********SPACE***********/
    printf("sum=  【3】   \n",sum);
    return 0;
}
```

四、程序设计题

(1) 编写函数计算并输出给定整数 n 的所有因子之和(不包括 1 和它本身)。例如：n 的值为 855 时，应输出 704。

(2) 编写函数计算一分数序列 2/1,3/2,5/3,8/5,13/8,21/13…的前 n 项之和。

说明：每一分数的分母是前两项的分母之和，每一分数的分子是前两项的分子之和。

例如：求前 20 项之和的值为 32.660259。

(3) 编写函数 fun，其功能为：对一个任意位数的正整数 n，从个位起计算隔位数字之和，即个位、百位、万位……等数字之和。例如输入 1234567，7＋5＋3＋1 的结果为 16。

(4) 三角形的面积公式为 area＝$\sqrt{s(s-a)(s-b)(s-c)}$，其中 s＝0.5(a＋b＋c)，a、b、c 为三角形的三边。定义两个带参数的宏，一个用来求 s，另一用来求 area。编写程序，在程序中用宏来求三角形的周长和面积。

第7章 数组

前面几章介绍的数据类型有整型、实型和字符型等基本数据类型。除此之外，C语言还提供了更为复杂的构造数据类型，它由基本类型按照一定的规则组合而成。

数组是最基本的构造类型，它是一组相同类型数据的有序集合。数组中所包含的数据称为数组元素，在内存中连续存放，每个数组元素都属于同一种数据类型，用数组名和下标可以唯一地确定数组元素。

7.1 一维数组

下面先通过一个例子来了解数组的使用。

【例7-1】 编写程序求10个学生的平均成绩以及高于平均成绩的人数。

分析：这是一个统计问题，在第5章"循环结构程序设计"中讨论过类似的问题，当时没有保留所有的输入数据。本题还要求高于平均成绩的人数，这就需要保存输入的10个成绩，求出平均值后，再将它们逐一与平均值进行比较。如果用1个变量来存储1个学生的成绩，需要定义10个变量，在求高于平均成绩的人数时需要10个if语句，无法使用循环求解。因此这里使用一个整型数组存放10个成绩。

源程序

```c
#include<stdio.h>
int main()
{
    int i,n=0,score[10];              /*n用于记录高于平均值的个数,初值为0*/
    double ave,sum=0;
    printf("请输入学生成绩: ");
             /*输入的数据依次存放在数组score的10个元素score[0]~score[9]中*/
    for(i=0;i<10;i++)
    {
        scanf("%d",&score[i]);
        sum+=score[i];
    }
    ave=sum/10;
    for(i=0;i<10;i++)
        if(score[i]>ave)              /*逐个与平均值比较,高于平均值时n累加*/
            n++;
```

```
        printf("平均成绩为:%.2f\n高于平均成绩的人数为:%d\n",ave,n);
        return 0;
}
```

运行结果:

```
请输入学生成绩: 95 85 74 62 91 48 78 98 83 79↙
平均成绩为: 79.30
高于平均成绩的人数为: 5
```

程序中定义了一个整型数组 score 后,系统分配连续的存储单元,数组 score 的 10 个元素分别为:score[0]~score[9],这些元素的类型都是整型,由数组名 score 和下标唯一确定每个元素。

在程序中使用数组,可以让一批相同类型(本例中为整型)的变量使用同一个数组名,使用下标来相互区分。它的优点是表达简洁、使用灵活、可读性好,对下标可使用循环结构实现对不同元素的引用。

7.1.1 一维数组的定义

当数组中每个元素只有一个下标时,称这样的数组为一维数组。在 C 语言中,数组必须先定义后使用。

一维数组定义的一般形式:

类型说明符 数组名[整型常量表达式];

说明:

(1) 类型说明符可以是任意一种基本数据类型或构造数据类型,它指明数组元素的数据类型。
(2) 数组名是用户定义的数组名字,必须是一个合法的标识符。
(3) 整型常量表达式表示数组中所包含的元素个数。
(4) 数组名后是用[ ]括起来的整型常量表达式,不能用( )。

例如:

```
int a[10];
```

它表示定义了一个整型数组,数组名为 a,此数组包含 10 个元素。数组元素的下标从 0 开始,下标最大值是 9(数组长度减 1)。该数组的 10 个元素分别为:a[0],a[1],a[2],a[3],a[4],a[5],a[6],a[7],a[8],a[9]。

对于数组定义应注意以下几点:

(1) 数组的类型实际上是指数组元素的类型。
(2) 数组定义后,系统将为其在内存中分配连续的存储单元。假设前面定义的数组 a 起始地址是 2000,其在内存的存储形式如图 7-1 所示。数组名是一个地址常量,代表数组的起始地址。

内存地址	值	数组元素
2036		a[9]
2032		a[8]
2028		a[7]
2024		a[6]
2020		a[5]
2016		a[4]
2012		a[3]
2008		a[2]
2004		a[1]
2000		a[0]

图 7-1 数组元素的内存示例

整个数组所占存储空间的大小与数组元素的类型和数组的长度有关。用公式表示为：

$$\text{数组所占存储空间的字节数} = \text{数组大小} \times \text{sizeof}(\text{数组元素类型})$$

例如：

```
float b[20];
```

则数组 b 所占存储单元的大小为：

$$20 \times \text{sizeof}(\text{float}) = 20 \times 4 = 80(\text{字节})$$

（3）数组名不能与其他变量名相同。

（4）不能在[ ]中用变量来表示元素的个数，但是可以是符号常量或常量表达式。

例如：

```
int a[3+2],b[7*5];      /*合法*/
#define N 5
int a[N];               /*合法*/
```

但是下述说明方式是错误的。

```
int n=5;
int a[n];               /*不合法*/
```

（5）允许在同一个类型说明中，说明多个数组和多个变量。

例如：

```
int a,b,c[5],d[6];
```

7.1.2 一维数组元素的引用

数组元素是组成数组的基本单元。数组元素也是一种变量，其标识方法为数组名后跟一个下标。下标表示了数组元素在数组中的位置，从 0 开始。

数组元素的标识形式为：

数组名[下标]

例如：

a[5]

数组元素引用说明：

（1）数组元素的引用在形式上与数组的定义有些相似，但这两者具有完全不同的含义。数组定义时的[ ]中给出的是数组的长度，只能是整型常量，而数组元素中的下标是该元素在数组中的位置，可以是整型常量，也可以是已赋值的整型变量或整型表达式。

例如：

a[3],a[i+j],a[i++]

都是合法的数组元素。

（2）在 C 语言中数值型数组只能逐个地使用数组元素，而不能一次引用整个数组。

例如，输出有 10 个元素的数组必须使用循环语句逐个输出各数组元素：

```
for(i=0;i<10;i++)
    printf("%d",a[i]);
```

而不能用一条语句输出整个数组。

下面的写法不能输出数组各元素的值：

```
printf("%d",a);
```

(3) 数组定义后,数组中的每一个元素就相当于一个变量,对变量的一切操作同样也适用于数组元素。

(4) 数组引用要注意越界问题。

例如：

```
int a[10];
a[10]=7;           /*引用越界,数组元素只能是 a[0]~a[9]*/
```

【例 7-2】 从键盘输入 10 个数存放到一个一维数组中,输出其中的最大值及其下标。

分析：程序的流程图如图 7-2 所示,首先赋初值 max=a[0],subsc=0,然后用 for 语句将 a[1] 到 a[9] 逐个与 max 比较,若比 max 的值大,则把该数组元素的值存入 max 中,同时 subsc 保存其对应下标,max 中保存的值总是已比较过的数组元素中的最大值；与全部元素比较结束后,max 的值就是 10 个数中的最大值,subsc 存放其对应的下标。

源程序

```
#include<stdio.h>
int main()
{
    int i,max,subsc,a[10];
    printf("input 10 numbers:\n");
    for(i=0;i<10;i++)
        scanf("%d",&a[i]);
    max=a[0];
    subsc=0;
    for(i=1;i<10;i++)
        if(a[i]>max)
        {
            max=a[i];
            subsc=i;
        }
    printf("maxmum=%d,subscript=%d\n",max,subsc);
    return 0;
}
```

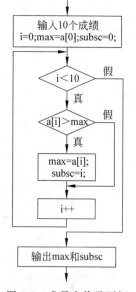

图 7-2　求最大值及下标程序流程图

运行结果：

```
input 10 numbers:
12 54 -100 60 23 44 123 27 99 20↙
maxmum=123, subscript=6
```

7.1.3 一维数组的初始化

数组元素在使用之前,需要对其赋值,然后才能引用。给数组元素赋值的方法除了用输入和赋值语句对数组元素逐个赋值外,还可采用初始化赋值。数组初始化赋值是指在数组定义时给数组元素赋初值。

一维数组初始化赋值的一般形式为:

类型说明符 数组名[整型常量表达式]={值,值,……,值};

其中,在{ }内的值即为数组元素的初值。值和值之间用逗号间隔,其顺序与数组元素的顺序一一对应。

例如:

int a[10]={0,1,2,3,4,5,6,7,8,9};

相当于

a[0]=0;a[1]=1;…;a[9]=9;

C 语言对数组的初始化赋值有以下几点规定:
(1) 值的个数不能超过数组的大小。

例如:

int a[4]={1,2,3,4,5,6};   /*错误*/

值的个数超出了数组的大小,编译时会出错。
(2) 值的个数可以小于数组的大小。

当{ }中值的个数少于数组元素个数时,按顺序给前面部分元素赋值,其余元素都赋值为 0。例如:

int a[10]={0,1,2,3,4};

表示将 5 个值赋值给 a[0]~a[4]这 5 个元素,a[5]~a[9]自动赋 0,所以赋值后,a[0]=0,a[1]=1,a[2]=2,a[3]=3,a[4]=4,a[5]=a[6]=a[7]=a[8]=a[9]=0。

(3) 只能给元素逐个赋值,不能给数组整体赋值。

给 10 个元素全部赋值为 8 时,只能写成:

int a[10]={8,8,8,8,8,8,8,8,8,8};

而不能写成:

int a[10]=8;   /*错误*/

(4) 当对全部数组元素赋初值时,可以不给出数组长度,此时数组的实际大小就是初值列表中值的个数。

例如:

int a[5]={1,2,3,4,5};

可写为：

int a[]={1,2,3,4,5};

在第 2 种写法中，{ }中有 5 个数，系统就会据此自动定义数组 a 的长度为 5。

注意：为了增强程序的可读性，尽量避免出错，读者在定义数组时，不管是否对全部数组元素赋初值，建议不要省略数组长度。

7.1.4 数组名作为函数参数

如果需要向被调用函数传递一个数组的全部元素，可以用数组名作为参数来实现。用数组名作函数参数是地址传递。地址传递是指函数调用时，实参将某些数据（如变量、字符串、数组等）的地址传递给形参，使实参和形参指向同一存储单元，因此，在执行被调用函数的过程中，形参的改变能够影响到对应的实参。

在地址传递方式下，形参和实参都可以是数组名或指针。形参和实参是指针的情况将在第 8 章"指针"中介绍，下面介绍用数组名作函数参数的情况。

因为数组名代表数组的起始地址，因此数组名作为函数参数，遵循地址传递的方式，即在函数调用时，将实参数组的起始地址传递给形参，形参和实参数组因起始地址相同而共用一段存储空间，被调用函数中对形参数组的操作实际上就是对实参数组的操作，形参数组的改变影响实参数组的值，可以实现"双向"传递。在程序设计中可以有意识地利用这一特性改变实参数组元素的值。

用数组名作函数参数说明：

（1）实参与形参均应使用数组名。

（2）实参数组与形参数组的数据类型必须一致。

（3）实参数组和形参数组大小可以不一致，且形参数组可不指定大小。C 编译程序不检查形参数组的大小，通常另设一整型变量来传递数组元素个数。

【**例 7-3**】 将一个数组中的值按逆序重新存放。例如，原来顺序为 10,60,5,42,19。要求改为 19,42,5,60,10。

分析：以中间元素为界，两侧相对元素进行互换即可。

源程序

```
#include<stdio.h>
#define N 10                    /*假设数组中有 10 个数*/
void convert(int a[],int n);    /*函数声明*/
int main()
{
    int a[N],i;
    printf("请输入%d 个整数：\n",N);
    for(i=0;i<N;i++)             /*输入数据*/
        scanf("%d",&a[i]);
    printf("原来顺序为：\n");
    for(i=0;i<N;i++)
        printf("%5d",a[i]);
```

```
        printf("\n");
        convert(a,N);                    /*调用函数实现逆序存放*/
        printf("逆序存放后的顺序为：\n");
        for(i=0;i<N;i++)
            printf("%5d",a[i]);
        return 0;
    }
    void convert(int x[],int n)          /*逆序存放*/
    {
        int temp,i;
        for(i=0;i<n/2;i++)
        {
            temp=x[i];
            x[i]=x[n-i-1];
            x[n-i-1]=temp;
        }
    }
```

运行结果：

```
请输入10个整数：
1 2 3 4 5 6 7 8 9 10↙
原来顺序为：
    1    2    3    4    5    6    7    8    9   10
逆序存放后的顺序为：
   10    9    8    7    6    5    4    3    2    1
```

7.1.5 一维数组举例

【例7-4】 用冒泡法实现对10个数由小到大排序。

分析：冒泡排序的基本思想是：相邻两个数进行比较，将较小的数据交换到前面。从纵向来看，这些数据交换过程中较小的数据就像水中的气泡不断地浮出。下面以6个数为例说明冒泡法。

首先进行第1趟排序，如图7-3所示。第1次将第1和第2个数(9和6)交换(因为6<9)，第2次将第2和第3个数(9和8)交换……如此共进行5次，得到6→8→3→4→1→9的顺序，可以看到：最大的数9已"沉底"，成为最下面一个数，而小的数"上升"。最小的数1已向上"浮起"一个位置。经第1趟排序(共5次比较)后，已得到最大的数。

然后进行第2趟排序，对余下的前面5个数按上法进行比较，如图7-4所示。经过4次比较，得到次大的数8。对6个数要排序5趟，才能使6个数按大小顺序排列。在第1趟中两个数之间的比较共5次，在第2趟中比较4次……在第5趟中比较1次。

如果有n个数，则要进行n−1趟排序。在第1趟排序中要进行n−1次两两比较，在第i趟排序中要进行n−i次两两比较。本题用fun函数实现从小到大排序。

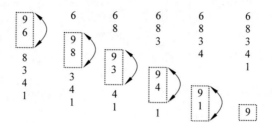

图 7-3　冒泡法第 1 趟排序

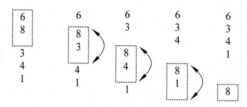

图 7-4　冒泡法第 2 趟排序

源程序

```c
#include<stdio.h>
void fun(int a[],int n)
{
    int i,j,t;
    for(i=0;i<n-1;i++)                  /*双重循环实现排序,外循环控制排序趟数*/
        for(j=0;j<n-i-1;j++)            /*内循环控制每趟排序的比较次数*/
            if(a[j]>a[j+1])
            {
                t=a[j];
                a[j]=a[j+1];
                a[j+1]=t;
            }
}
int main()
{
    int i,a[10];
    printf("\n input 10 numbers:\n");
    for(i=0;i<10;i++)
        scanf("%d",&a[i]);
    fun(a,10);
    printf("the sorted numbers:\n");
    for(i=0;i<10;i++)
        printf("%d ",a[i]);
    return 0;
}
```

运行结果：

```
input 10 numbers:
1 0 8 65 -76 23 -20 45 80 100↙
the sorted numbers:
-76 -20 0 1 8 23 45 65 80 100
```

【例 7-5】 用简单选择法对 10 个数由小到大排序。

分析：简单选择法基本思想是：从所有元素中找出最小的数与第 1 个元素的值交换，第 1 个元素得到了最小值，接着从余下的元素（除第 1 个以外的元素）中找出最小数与第 2 个元素的值交换，再从余下的元素中找出最小数与第 3 个元素的值交换，以此类推，直到最后剩下一个元素。同样以 6 个数为例说明。

```
初始数据    3 5 1 8 9 4
第一趟      3 5 1 8 9 4
第二趟    [1] 5 3 8 9 4
第三趟    [1 3] 5 8 9 4
第四趟    [1 3 4] 8 9 5
第五趟    [1 3 4 5] 9 8
结果        1 3 4 5 8 9
```

显然，用简单选择法对 n 个数进行排序时，要进行 n-1 趟排序，在第 i 趟中要比较 n-i 次，但其中每趟最多有 1 次数据交换。

源程序

```c
#include<stdio.h>
void fun(int a[],int n)
{
    int i,j,k,t;
    for(i=0;i<n-1;i++)
    {
        k=i;
        for(j=i+1;j<n;j++)
            if(a[j]<a[k])   k=j;
        if(i!=k)
        {
            t=a[i];
            a[i]=a[k];
            a[k]=t;
        }
    }
}
```

```c
int main()
{
    int a[10],i,j,k,x;
    printf("input 10 numbers:\n");
    for(i=0;i<10;i++)
        scanf("%d",&a[i]);
    printf("\n");
    fun(a,10);
    printf("The sorted numbers:\n");
    for(i=0;i<10;i++)
        printf("%d ",a[i]);
    return 0;
}
```

运行结果：

```
input 10 numbers:
1 0 8 65 -76 23 -20 45 80 100
the sorted numbers:
-76 -20 0 1 8 23 45 65 80 100
```

例 7-6

【例 7-6】 把指定数据插入到已排序的数据序列中数据插入后仍保持原有顺序。

分析：在 main 函数中完成数据的输入和插入值之后的数据输出，fun 函数实现数据的插入。要把指定数据插入到序列中，先要找到插入数据的位置，然后将这个位置及其后面的数据依次向后移动一个位置，从而空出该位置，再将要插入的数据存放在该位置即可。

源程序

```c
#include<stdio.h>
void fun(int a[],int ins,int n)
{
    int i;
    for(i=n-1;i>=0;i--)              /*循环的功能是确定插入位置并向后移动数据*/
        if(ins<a[i])
            a[i+1]=a[i];
        else break;
    a[i+1]=ins;
}
int main()
{
    int data[50],ins,n,i;
    printf("please enter the number of org data:\n");
    scanf("%d",&n);
    printf("please enter data:\n");
    for(i=0;i<n;i++)
        scanf("%d",&data[i]);
    printf("the org data:\n");
```

```
        for(i=0;i<n;i++)
            printf("%d ",data[i]);
        printf("\nplease enter insert data:\n");
        scanf("%d",&ins);
        fun(data,ins,n);
        printf("\ndata after inserted:\n");
        for(i=0;i<=n;i++)
            printf("%d ",data[i]);
        return 0;
}
```

运行结果：

```
please enter the number of data:
8↙
please enter data:
2 4 6 10 12 14 16 19↙
the org data:
2 4 6 10 12 14 16 19
please enter insert data:
7↙
data after inserted:
2 4 6 7 10 12 14 16 19
```

7.2 二维数组

7.2.1 二维数组的定义

当数组中每个元素有两个下标时，称这样的数组为二维数组。在逻辑上可以把二维数组看成是一个具有行和列的表格或矩阵。

二维数组定义的一般形式是：

类型说明符 数组名[行数][列数];

其中，行数和列数必须是整型常量表达式。

例如：

int a[3][4];

说明：定义二维数组 a,3 行 4 列,共有 12 个元素,每个元素都是整型。

7.2.2 二维数组元素的引用

与一维数组相同,二维数值数组也只能单个引用数组元素,引用二维数组元素时必须带有两个下标,引用形式如下：

数组名[下标][下标]

第 1 个[ ]中的下标代表行号,称为行下标;第 2 个[ ]中的下标代表列号,称为列下标。行下标和列下标都是从 0 开始。下标可以是整型常量,也可以是已赋值的整型变量或整型表达式。

例如:

a[2][3]

表示 a 数组第 2 行第 3 列的元素。

说明:

(1) 引用二维数组元素时,一定要把两个下标分别放在两个[ ]内,不要写成:a[2,3]。

(2) 上面定义的二维数组 a 可以表示为三行四列的矩阵,如图 7-5 所示。

	第 0 列	第 1 列	第 2 列	第 3 列
第 0 行	a[0][0]	a[0][1]	a[0][2]	a[0][3]
第 1 行	a[1][0]	a[1][1]	a[1][2]	a[1][3]
第 2 行	a[2][0]	a[2][1]	a[2][2]	a[2][3]

图 7-5 数组 a 的逻辑存储结构

(3) 二维数组在内存中存放可以有两种方式:一种是按行存放,即放完一行之后顺次放入下一行;另一种是按列排列,即放完一列之后再顺次放入下一列。

在 C 语言中,二维数组是按行排列的,即先存放 a[0]行(第 0 行),再存放 a[1]行(第 1 行),最后存放 a[2]行(第 2 行),每行中的 4 个元素依次存放。

由于二维数组元素是按顺序依次存放在内存中的,所以,二维数组在内存中所占字节数就是二维数组中所有元素所占字节数之和,计算公式为:

行数×列数×sizeof(数组元素类型)

【例 7-7】 一个学习小组有 5 个人,每个人有 3 门课的考试成绩(见表 7-1),求每个人的平均成绩。

表 7-1 学生成绩统计表

姓 名	Math	C	Foxpro
张三	80	85	90
王二	61	82	91
李四	79	66	80
赵大	85	65	80
周五	76	70	96

分析:可设一个二维数组 a[5][3]存放 5 个人 3 门课的成绩。再设一个一维数组 v[5]存放 5 个人的平均成绩。

源程序

```
#include<stdio.h>
```

```c
void average(float sco[][3],float ave[])
{
    float s;
    int i,j;
    for(i=0;i<5;i++)
    {
        s=0;
        for(j=0;j<3;j++)
        {
            s=s+sco[i][j];
        }
        ave[i]=s/3;
    }
}
int main()
{
    float s, a[5][3],v[5];
    int i,j;
    for(i=0;i<5;i++)                 /*行下标控制*/
        for(j=0;j<3;j++)             /*列下标控制*/
            scanf("%f",&a[i][j]);
    average(a,v);
    printf("张三:%5.2f\n王二:%5.2f\n李四:%5.2f\n赵大:%5.2f\n周五:%5.2f\n", v[0],
    v[1],v[2],v[3], v[4]);
    return 0;
}
```

运行结果：

```
80 85 90 61 82 91 79 66 80 85 65 80 76 70 96
张三: 85.00
王二: 78.00
李四: 75.00
赵大: 76.67
周五: 80.67
```

average 函数中用一个双重循环实现求 5 名学生的平均成绩，在外循环中，i 的取值从 0 到 4 分别代表 5 个人；内循环中，j 用来表示 3 门课程，依次把每个学生的 3 门课成绩累加。需要注意赋值语句"s=0;"的位置，计算每一个人的成绩累加前必须先给 s 赋值为 0。由于 5 个平均成绩存放在一维数组中，并用数组名作为函数参数，所以不需要用 return 语句返回平均分。

二维数组作为函数形参时，二维数组中第一维的长度可以省略，但不能省略第二维的长度。因为数组元素在存储器中是按行存储的，后一行总是存储在前一行之后。编译器必须知道一行中有多少个元素，才能知道下一行从什么位置开始存放。

7.2.3　二维数组的初始化

在定义二维数组时,也可以对数组元素赋初值,叫二维数组初始化。二维数组初始化方法有两种:分行赋初值和顺序赋初值。

1．分行赋初值

一般形式为:

类型说明符　数组名[行数][列数]={{数据列表 0},{数据列表 1},……};

例如,对数组 a[5][3]赋初值可写成:

int a[5][3]={{80,75,92},{61,65,71},{59,63,70},{85,87,90},{76,77,85}};

2．顺序赋初值

一般形式为:

类型说明符　数组名[行数][列数]={数据列表};

例如,对数组 a[5][3]赋初值可写成:

int a[5][3]={80,75,92,61,65,71,59,63,70,85,87,90,76,77,85};

以上两种赋初值的结果是相同的。它们是:

a[0][0]=80,a[0][1]=75,a[0][2]=92,a[1][0]=61,……
a[4][0]=76,a[4][1]=77,a[4][2]=85

但是,如果赋值元素的个数与数据列表中数值的个数不相等时,这两种赋值方式的结果就不相同了,此时要注意初值表中数据的书写顺序。

例如,对数组 a[3][3]赋初值可以写成:

int a[3][3]={{80,75},{61},{59,63,70}};
int a[3][3]={80,75,0,61,0,0,59,63,70};

由此可见,分行赋初值的方法直观清晰,不易出错,是二维数组初始化最常用的方法。
对于二维数组初始化赋值还有以下说明:
二维数组也可以只对部分元素赋初值,未赋初值的元素自动赋值为 0。
例如:

int a[3][3]={{1},{2},{3}};

这是分行赋初值,所以是对每一行的第 0 列元素赋值,未赋值的元素赋值为 0。赋值后各元素的值为:

a[0][0]=1;a[0][1]=0;a[0][2]=0;
a[1][0]=2;a[1][1]=0;a[1][2]=0;
a[2][0]=3;a[2][1]=0;a[2][2]=0;

而"int a[3][3]={1,2,3};"则是按顺序赋值，所以是先给整个数组的前 3 个元素赋值，其余元素值为 0。赋值后的元素值为：

a[0][0]=1;a[0][1]=2;a[0][2]=3;
a[1][0]=0;a[1][1]=0;a[1][2]=0;
a[2][0]=0;a[2][1]=0;a[2][2]=0;

二维数组初始化时，如果对全部元素赋初值，则第一维的长度可以省略。

例如：

int a[3][3]={1,2,3,4,5,6,7,8,9};

可以写为：

int a[][3]={1,2,3,4,5,6,7,8,9};

此时，可通过下列公式计算第一维的长度：

[x]=s/n

其中，[x]：不小于 x 的最小整数，s：初值个数，n：第二维长度。公式中的除法运算是纯算术运算。上面的例子中，s＝9，n＝3，求得[x]＝3，所以第一维长度为 3。再看下面例子。

例如：

int a[][3]={1,2,3,4,5,6,7};

此例中，有 7 个初值，第二维长度 3，[x]=[7/3]=3，所以第一维长度为 3。

二维数组可以看作是由一维数组的嵌套而构成的。如果一维数组的每个元素又都是一个一维数组，就组成了二维数组。

如二维数组 a[3][4]，可分解为三个一维数组，其数组名分别为：

a[0],a[1],a[2]

对这三个一维数组不需另作说明即可使用。这三个一维数组都有 4 个元素，例如：一维数组 a[0]的元素为 a[0][0],a[0][1],a[0][2],a[0][3]。如图 7-6 所示。

a[0]	a[0][0]	a[0][1]	a[0][2]	a[0][3]
a[1]	a[1][0]	a[1][1]	a[1][2]	a[1][3]
a[2]	a[2][0]	a[2][1]	a[2][2]	a[2][3]
行名		每行4个元素		

图 7-6 二维数组的一维理解

必须强调的是，在二维数组中，a[0],a[1],a[2]不能当作简单数组元素使用，它们是数组名，分别为二维数组的第 0 行，第 1 行和第 2 行的起始地址，而不是一个单纯的数组元素。

【例 7-8】 有一个 3×4 的矩阵，编写程序找出最大值及其所在的行号和列号。

分析：定义一个整型二维数组 a[3][4]，用来存放 3×4 的矩阵中的各个数值，再定义三

例 7-8

个整型变量 max、row、colum 分别用来存放最大值和其所在的行与列的位置,将数组的第 1 个元素 a[0][0]的值和位置(行、列)分别赋给 max、row、colum。接着对数组的每一行进行循环,在每一行的循环中,再对每一列进行循环,总计循环 3×4 次。在每一列的循环中,将 max 的值与该行该列的元素值进行比较,如果 max 中的值比该元素值小,则将该元素值赋值给 max,并将该元素的位置信息(行下标、列下标)赋给 row、colum,这样,max 中始终保存已比较过的元素中的最大值,row 和 colum 中存放的就是其位置。所以,整个循环结束,也就找到了最大值及其位置。由于本题需要计算 3 个值,所以需要把其中两个(row、colum)定义为全局变量。

源程序

```
#include<stdio.h>
int row,colum;
int Max(int a[][4])
{
    int i,j,max;
    max=a[0][0];
    for(i=0;i<=2;i++)
        for(j=0;j<=3;j++)
            if(a[i][j]>max)
            {
                max=a[i][j];
                row=i;
                colum=j;
            }
    return max;
}
int main()
{
    int max;
    int a[3][4]={{1,2,3,4},{9,8,7,6},{-10,10,-5,2}};
    max=Max(a);
    printf("max=%d,row=%d,colum=%d\n",max,row,colum);
    return 0;
}
```

运行结果:

```
max=10,row=2,colum=1
```

【例 7-9】 求下列二维数组 a(用矩阵表示)中各行的平均值和各列的平均值。

$$a = \begin{bmatrix} 3 & 16 & 87 & 65 \\ 4 & 32 & 11 & 108 \\ 9 & 28 & 16 & 73 \\ 7 & 5 & 80 & 6 \end{bmatrix}$$

分析：可以定义一个 5×5 的二维数组 a，左上角的 4×4 个元素用来存放数组元素值，第 5 列用来存放各行的平均值，第 5 行用来存放各列的平均值。

源程序

```c
#include<stdio.h>
void fun(float ave[][5])
{
    int i,j;
    float sum;
    for(i=0;i<4;i++)
    {
        sum=0;
        for(j=0;j<4;j++)
            sum=sum+ave[i][j];
        ave[i][4]=sum/4;
    }
    for(j=0;j<5;j++)
    {
        sum=0;
        for(i=0;i<4;i++)
            sum=sum+ave[i][j];
        ave[4][j]=sum/4;
    }
}
int main()
{
    int i,j;
    float a[5][5];
    printf("input array A:\n");
    for(i=0;i<4;i++)
    {
        for(j=0;j<4;j++)
            scanf("%f",&a[i][j]);
    }
    fun(a);
    printf("array A:\n");
    for(i=0;i<5;i++)
    {
        for(j=0;j<5;j++)
            printf("%5.0f",a[i][j]);
        printf("\n");
    }
    return 0;
}
```

运行结果：

```
input array A:
3 16 87 65 4 32 11 108 9 28 16 73 7 5 80 6
array A:
    3   16   87   65   43
    4   32   11  108   39
    9   28   16   73   32
    7    5   80    6   25
    6   20   49   63   34
```

fun 函数中第 1 个循环嵌套是分别计算 ave 数组中第 0~3 行各行平均值,并把各行的平均值分别存放到 ave 数组的第 4 列的对应行中;第 2 个循环嵌套是计算 ave 数组中各列的平均值,分别存放到第 4 行的对应列中。

【例 7-10】 求例 7-9 中矩阵主对角线元素之和以及副对角线元素之和。

分析:首先找出对角线元素的规律,显然,主对角线元素:行下标和列下标相等,副对角线元素:行下标加上列下标等于一个定值(行数减 1),然后按照规律对满足条件的元素求和即可。两条对角线的和是两个值,可以用全局变量,也可以用数组名作为函数参数得到多个值。下面是用数组来实现的。

源程序

```c
#include<stdio.h>
void add(int a[][4],int sum[])
{
    int i,j;
    for(i=0;i<4;i++)
    {
        for(j=0;j<4;j++)
        {
            if(i==j)
                sum[0]=sum[0]+a[i][j];        /*求主对角线元素和*/
            if(i+j==3)
                sum[1]=sum[1]+a[i][j];        /*求副对角线元素和*/
        }
    }
}
int main()
{
    int i,j,sum[2]={0};
    int a[][4]={3,16,87,65,4,32,11,108,9,28,16,73,7,5,80,6};
    add(a,sum);
    printf("主对角线元素和:%d\n 副对角线元素和:%d\n",sum[0],sum[1]);
    return 0;
}
```

运行结果:

```
主对角线元素和:57
副对角线元素和:111
```

【思考】 本例使用双重循环实现计算主副对角线元素之和,考虑一下如果用单层循环程序应如何实现?

7.3 字符数组

在现实生活中,经常遇到各种各样的字符串,因此,一般程序设计都需要处理字符串。在 C 语言中,没有专门的字符串类型,字符串的显示和存储是通过字符数组来实现。

用来存放字符数据的数组是字符数组。字符数组中,一个元素存放一个字符。

7.3.1 字符数组的定义与初始化

1. 字符数组的定义

形式与前面介绍的数值型数组相同,其格式如下:

char 数组名[整型常量表达式];

例如:

char c[10];

定义一个一维字符数组 c,包含 10 个元素,可以存放 10 个字符。

字符数组也可以是二维或多维数组。

例如:

char c[5][10];

二维字符数组通常用来存储多个字符串。

2. 字符数组的初始化

字符数组也允许在定义时作初始化赋值。

例如:

char c[5]={'H', 'E', 'L', 'L', 'O'};

把 5 个字符分别赋给 c[0]到 c[4]的 5 个元素。

如果{ }中提供的初值个数(即字符个数)大于数组长度,编译时会出错。如果初值个数小于数组长度,则只将这些字符赋给数组中前面那些元素,其余的元素自动赋值空字符'\0'。

当对全体元素赋初值时也可以省去长度说明。

【例 7-11】 输出一个字符串。

源程序

```
#include<stdio.h>
int main()
{
    char c[14]={'I',' ','l','o','v','e',' ','c','h','i','n','a','!'};
    int i;
    for(i=0;i<14;i++)
        printf("%c",c[i]);
    printf("\n");
    return 0;
}
```

运行结果：

I love china!

本例中通过引用字符数组元素，输出了一个字符串。可以看出，引用字符数组中的一个元素，可以得到一个字符。该字符串在内存中的存放形式如图 7-7 所示。

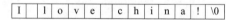

图 7-7　字符串在内存中的存放形式

7.3.2　字符串及操作

字符串常量就是一对双引号括起来的字符序列，即一串字符，它有一个结束标志'\0'。因此，当把一个字符串存入一个数组时，也把结束标志'\0'存入数组。有了'\0'后，就不必再用字符数组的长度来判断字符串的长度了。

C 语言允许用字符串的方式对字符数组作初始化赋值。

例如：

char c[]={"C program"};

或：去掉{ }写为：

char c[]="C program";

由于采用了'\0'标志，所以在用字符串赋初值时一般无需指定数组的长度，而由系统自行处理。如果要指定数组的长度，那么其长度必须大于字符串中字符的个数，至少是字符串长度加 1，因为字符数组中要存放字符串结束标志'\0'。

可用 printf 函数和 scanf 函数一次性输入输出一个字符串，而不必使用循环语句逐个输入输出每个字符，此时使用"％s"格式符。

【例 7-12】　由键盘输入一个字符串，并输出。

源程序

```
#include<stdio.h>
int main()
```

```
{
    char st[80];
    printf("input string:");
    scanf("%s",st);
    printf("output string:");
    printf("%s\n",st);
    return 0;
}
```

运行结果：

```
input string: books
output string: books
```

本例中由于定义数组长度为 80，因此输入的字符串长度必须小于 80，以留出最少一个字节用于存放字符串结束标志'\0'。

特别注意的是，当用 scanf 函数输入字符串时，以空格和回车作为输入字符串的分隔符，因此，输入的字符串中不能含有空格。

例如，在上例中当输入的字符串中含有空格时，运行情况为：

```
input string:this is a book↙
output string: this
```

如果要输入包含空格的字符串，可用 7.3.3 节"字符串处理函数"中介绍的 gets 函数来实现。

【例 7-13】 编程从键盘输入一个字符串（不含空格）和一个字符，删除该字符串中所有指定的字符，将结果保存到一个新的字符串中，并输出。

分析：del 函数用于实现删除原字符串中指定的字符，形参数组 str 存放原字符串，形参数组 s 存放新字符串，形参变量 c 为要删除的指定字符。通过 while 循环，对数组 str 中的每个字符逐一与字符变量 c 进行比较，只要不相等就把当前字符存入新数组 s 中，变量 i 和 j 分别记录数组 str 和 s 的下标。

例 7-13

源程序

```
#include<stdio.h>
#include<string.h>
void del(char str[],char s[],char c)
{
    int i=0,j=0;
    while(str[i]!='\0')
    {
        if(str[i]!=c)                /*判断是否为指定的字符*/
            s[j++]=str[i];
        i++;
    }
    s[j]='\0';                       /*末尾添加字符串结束符'\0'*/
}
```

```
int main()
{
    char str[100],s[100],c;
    printf("请输入一个字符串：");
    scanf("%s%*c",str);                    /*%*c的作用是吃掉输入字符串后面的回车*/
    printf("请输入指定的字符：");
    scanf("%c",&c);
    del(str,s,c);
    printf("删除指定字符后的字符：");
    printf("%s\n",s);
    return 0;
}
```

运行结果：

```
请输入一个字符串：abcddcab1234
请输入指定的字符：c
删除指定字符后的字符串：abddba1234
```

7.3.3 字符串处理函数

C语言提供了丰富的字符串处理函数，大致可分为字符串的输入、输出、合并、修改、比较、转换、复制、搜索几类，使用这些函数可大大减轻编程的负担。用于输入输出的字符串函数，在使用前应包含头文件 stdio.h，使用其他字符串函数则应包含头文件 string.h。

下面介绍几个最常用的字符串函数。

1. 字符串输出函数 puts

格式：

puts(字符串)

功能：把字符数组中的字符串输出到显示器，即在屏幕上显示该字符串。其中字符串既可以是一个字符串常量，也可以是存放字符串的字符数组名。

【例 7-14】 在屏幕上显示字符串。

源程序

```c
#include<stdio.h>
int main()
{
    char c[]="BASIC\nDBASE";
    puts(c);
    return 0;
}
```

运行结果：

```
BASIC
DBASE
```

从程序中可以看出,使用 puts 函数时,其参数中可以包含转义字符,在字符串中有转义字符'\n',因此输出结果成为两行。puts 函数通常用来输出字符串,当需要按一定格式输出时,通常使用 printf 函数。

2. 字符串输入函数 gets

格式:

`gets(字符数组名)`

功能:从键盘上输入一个字符串,并保存在字符数组中。

【例 7-15】 从键盘输入一个字符串并输出。

源程序

```
#include<stdio.h>
int main()
{
    char st[15];
    printf("input string:\n");
    gets(st);
    puts(st);
    return 0;
}
```

运行结果:

```
input string:
I love china!↙
I love china!
```

可以看出当输入的字符串中含有空格时,输出仍为整个字符串。用 gets 函数输入字符串时,只以回车作为输入结束,这是与 scanf 函数不同的。当输入的字符串中有空格时,最好使用 gets 函数输入。

3. 字符串连接函数 strcat

格式:

`strcat(字符数组名1,字符串2)`

功能:把字符串 2 代表的字符串连接到字符数组 1 中字符串的后面,并删去字符串 1 后的字符串结束标志,结果放在字符数组 1 中。其中字符串 2 既可以是字符数组名,也可以是一个字符串常量。本函数返回值是字符数组 1 的起始地址。

例 7-16

【例 7-16】 连接两个字符串并输出。

源程序

```
#include<stdio.h>
#include<string.h>
int main()
{
    static char st1[30]="My name is ";
    char st2[10];
    printf("input your name: \n");
    gets(st2);
    strcat(st1,st2);
    puts(st1);
    return 0;
}
```

运行结果：

```
input your name:
liping.↙
My name is liping.
```

说明：

(1) 字符数组 1 必须足够大，以便容纳连接后的新字符串。如果在定义时改用 str1[]="My name is";就会出问题，因为定义 str1 时，系统根据初值字符串中字符个数 10，加上字符串结束标志'\0'，确定数组长度为 11，而连接后的字符串长度为 18，大于字符数组 str1 的长度，导致错误。

(2) 连接前两个字符串的后面都有一个'\0'，连接时将字符串 1 后面的'\0'取消，只在新串最后保留一个'\0'。

【思考】 连接两个字符串，如果不使用 strcat 函数应如何实现呢？

4. 字符串拷贝函数 strcpy

格式：

strcpy(字符数组名 1,字符串 2)

功能：把字符串 2 中的字符串拷贝到字符数组 1 中。

【例 7-17】 复制字符串并输出。

源程序

```
#include<stdio.h>
#include<string.h>
int main()
{
    char st1[15],st2[]="C Language";
```

```
        strcpy(st1,st2);
        puts(st1);
        return 0;
}
```

运行结果：

```
C Language
```

说明：

(1) 字符数组 1 必须定义得足够大，以便容纳被复制的字符串。即字符数组 1 的长度不应小于字符串 2 的长度。

(2) 字符数组 1 必须写成数组名形式(如 str1)，字符串 2 可以是字符数组名，也可以是一个字符串常量。如 strcpy(str1,"C Language");作用与例题中的 strcpy(st1,st2)相同。

(3) 复制时连同字符串后面的'\0'一起复制到字符数组 1 中。

(4) 不能用赋值语句将一个字符串常量或字符数组直接赋值给一个字符数组，只能采用 strcpy 函数实现字符串的赋值。如下面两行都是不合法的：

```
str1={"china"};           /*错误*/
str1=str2;                /*错误*/
```

5. 字符串比较函数 strcmp

格式：

```
strcmp(字符串 1,字符串 2)
```

功能：按照 ASCII 码值顺序逐个比较两个字符串中的相应字符，直到出现不同的字符或遇到'\0'为止，如全部字符相同，则相等；若出现不相同的字符，则以第一个不相同的字符的比较结果为准。比较结果分三种情况进行处理：

(1) 若字符串 1＝字符串 2,返回值＝0；

(2) 若字符串 1＞字符串 2,返回值＞0；

(3) 若字符串 1＜字符串 2,返回值＜0。

本函数的两个参数既可以是字符串常量，也可以是字符数组。

【例 7-18】 比较两个字符串的大小。

源程序

```
#include<stdio.h>
#include<string.h>
int main()
{
    int k;
    char st1[15],st2[]="C Language";
    printf("input a string:\n");
    gets(st1);
    k=strcmp(st1,st2);
```

```
            if(k==0)printf("st1=st2\n");
            if(k>0) printf("st1>st2\n");
            if(k<0) printf("st1<st2\n");
            return 0;
}
```

运行结果：

```
input a string:
dbase↙
st1>st2
```

本程序中把输入的字符串和数组 st2 中的字符串比较，比较结果返回到 k 中，根据 k 值再输出结果提示串。当输入为 dbase 时，'d' 的 ASCII 值大于 'C' 的 ASCII 值，"dBASE" 大于 "C Language"，故 k>0，输出结果 st1>st2。

6. 求字符串长度函数 strlen

格式：

strlen(字符串)

功能： 计算字符串的实际长度（从第 1 个字符计算到字符串的结束标志 '\0' 为止，但不含 '\0'），并作为函数返回值。

【例 7-19】 求字符串的长度。

源程序

```
#include<stdio.h>
#include<string.h>
int main()
{
    int k;
    char st[]="C language";
    k=strlen(st);
    printf("The lenth of the string is %d\n",k);
    return 0;
}
```

运行结果：

```
The lenth of the string is 10
```

下面通过一些例子，说明字符数组应用。

【例 7-20】 从键盘上输入一个字符串，存入数组中，要求将字符串中的大写字母转换成小写字母，小写字母转换成大写字母，非字母字符不变，并输出。

源程序

```
#include<stdio.h>
```

```c
void fun(char a[])
{
    int i;
    for(i=0; a[i]!='\0'; i ++)
        if(a[i] >= 'A' && a[i] <= 'Z')
            a[i]=a[i]+32;
        else if(a[i] >= 'a' && a[i] <= 'z')
            a[i]=a[i]-32;
}
int main()
{
    char a[80];
    gets(a);
    fun(a);
    puts(a);
    return 0;
}
```

运行结果：

```
I LOVE china 54.↙
i love CHINA 54.
```

【例 7-21】 输入 5 个国家的英文名称按字母顺序排列输出。

分析：常用二维字符数组处理多个字符串，5 个国家名称可以用一个二维字符数组 cs[5][20]来处理，其中 cs[i]代表第 i 个字符串。

源程序

```c
#include<stdio.h>
#include<string.h>
void sort(char cs[][20])           /*用简单选择法实现五个国家名称按字母顺序排序*/
{
    char t[20];
    int i,j,p;
    for(i=0;i<4;i++)
    {
        p=i;
        for(j=i+1;j<5;j++)
            if(strcmp(cs[j],cs[p])<0) p=j;    /*比较两个字符串的大小*/
        if(p!=i)
        {
            strcpy(t,cs[i]);
            strcpy(cs[i],cs[p]);
            strcpy(cs[p],t);
        }
    }
```

```
}
int main()
{
    char cs[5][20];
    int i;
    printf("input country's name:\n");
    for(i=0;i<5;i++)                              /*输入 5 个国家名称*/
        gets(cs[i]);
    sort(cs);
    printf("After sort:\n");
    for(i=0;i<5;i++)                              /*输出排序后的 5 个国家名称*/
        puts(cs[i]);
    return 0;
}
```

运行结果：

```
input country's name:
China↙
America↙
Spain↙
Japan↙
Australia↙
After sort:
America
Australia
China
Japan
Spain
```

习题

一、单项选择题

(1) 数组说法错误的是(　　)。

　　A. 必须先定义，后使用

　　B. 定义数组的长度可以用一个已经赋值的变量表示

　　C. 数组元素引用时，下标从 0 开始

　　D. 数组中的所有元素必须是同一种数据类型

(2) 下列描述中错误的是(　　)。

　　A. 字符型数组中可以存放字符串

　　B. 可以对字符型数组进行整体输入、输出

　　C. 可以对整型数组进行整体输入、输出

D. 不能在赋值语句中通过赋值运算符"="对字符型数组进行整体赋值

(3) 以下定义语句中,错误的是( )。
  A. int a[]={1,2};　　　　　　　　B. char a[3*4];
  C. char s[10]="test";　　　　　　D. int n=5,a[n];

(4) 下列正确的二维数组定义是( )。
  A. int a[2][]={{1,2},{2,4}};　　　B. int a[][2]={1,2,3,4};
  C. int a[2][2]={{1},{2},{3},{4}};　D. int a[][]={{1,2},{3,4}};

(5) 若有以下说明 int a[][4]={1,2,3,4,5,6,7,8,9},则数组的第1维大小是( )。
  A. 2　　　　　　B. 3　　　　　　C. 4　　　　　　D. 不确定

(6) 下列选项正确的是( )。
  A. char str[8];str="xuesheng";　　　B. char str[];str="xuesheng";
  C. char str[8]="xuesheng";　　　　　D. char str[]="xuesheng";

(7) 若有"char a[10]="xuesheng";",则下列不能输出该字符串的是( )。
  A. puts(a);
  B. printf("%s",a);
  C. int i;for(i=0;i<8;i++)printf("%c",a[i]);
  D. putchar(a);

(8) 对于字符串的操作,下列说法中正确的是( )。
  A. 可用赋值表达式对字符数组赋值,如 char str[20];str="xuesheng";
  B. 若有字符数组 a 和 b,且 a>b,则 strcmp(a,b)为非负数
  C. 可用 strcpy 函数进行字符串的复制来完成字符数组的赋值
  D. 字符串"hello"在内存中占用 5 个字节

(9) 若有说明"int a[][4]={0,0};",则下面不正确的叙述是( )。
  A. 数组 a 的每个元素都可得到初值 0
  B. 二维数组 a 的第一维大小为 1
  C. 数组 a 有 4 个元素,且所有元素的初值为 0
  D. 有元素 a[0][0]和 a[0][1]可得到初值 0,其余元素的初值不确定

(10) "char str[9]="China";"数组元素个数为( )。
  A. 5　　　　　　B. 6　　　　　　C. 9　　　　　　D. 10

二、阅读程序题

(1) 以下程序运行后的输出结果是_____。

```
#include<stdio.h>
int main()
{
    int i,a[10];
    for(i=9;i>=0;i--)
        a[i]=10-i;
    printf("%d%d%d",a[2],a[5],a[8]);
}
```

(2) 以下程序运行后的输出结果是_____。

```c
#include<stdio.h>
int main()
{
    char st[20]="hello\0\t\\";
    printf("%d%d\n",strlen(st),sizeof(st));
}
```

(3) 以下程序运行后的输出结果是_____。

```c
#include<stdio.h>
int main()
{
    int m[][3]={1,4,7,2,5,8,3,6,9};
    int i,j,k=2;
    for(i=0;i<3;i++)
        printf("%d ",m[k][i]);
}
```

(4) 以下程序运行后的输出结果是_____。

```c
#include<stdio.h>
int main()
{
    int x[]={1,3,5,7,2,4,6,0},i,j,k;
    for(i=0;i<3;i++)
        for (j=2;j>=i;j--)
            if(x[j+1]>x[j]){k=x[j];x[j]=x[j+1];x[j+1]=k;}
    for (i=0;i<3;i++)
        for(j=4;j<7-i;j++)
            if(x[j]>x[j+1]){ k=x[j];x[j]=x[j+1];x[j+1]=k;}
    for (i=0;i<8;i++)
        printf("%d",x[i]);
    printf("\n");
}
```

(5) 以下程序运行后的输出结果是_____。

```c
#include<stdio.h>
int main()
{
    int i,n[]={0,0,0,0,0};
    for(i=1;i<=4;i++)
    {
        n[i]=n[i-1] * 2+1;
        printf("%d ",n[i]);
    }
}
```

(6) 以下程序运行后的输出结果是_____。

```c
#include<stdio.h>
int main()
{
    char b[]="Hello,you";
    b[5]=0;
    printf("%s\n",b);
}
```

三、程序填空题

(1) 以下程序是把一个字符串中的所有小写字母字符全部转换成大写字母字符,其他字符不变,结果保存到原来的字符串中,请填空。

```c
#include<stdio.h>
#include<stdlib.h>
#include<conio.h>
#define N 80
void fun(char s[])
{
    int i;
/***********SPACE***********/
    for(i=0;  【1】  ;i++)
    {
        if(s[i]>='a'&&s[i]<='z')
        {
/***********SPACE***********/
            s[i]=【2】;
        }
        else
/***********SPACE***********/
            【3】 ;
    }
}
int main()
{
    int j;
    char str[N]=" 123abcdef ABCDEF!";
    printf("***original string ***\n");
    puts(str);
    fun(str);
    printf("******new string******\n");
    puts(str);
    return 0;
}
```

(2) 产生并输出下列杨辉三角的前七行,请完成程序填空。

```
1
1 1
1 2 1
1 3 3 1
1 4 6 4 1
1 5 10 10 5 1
1 6 15 20 15 6 1
#include<stdio.h>
void fun(int a[][7])
{
    int i,j,k;
    for(i=0;i<7;i++)
    {
        a[i][0]=1;
/***********SPACE***********/
        【1】 ;
    }
    for (i=2;i<7;i++)
/***********SPACE***********/
        for(j=1;j< 【2】 ;j++)
/***********SPACE***********/
            a[i][j]= 【3】 ;
}
int main()
{
    int a[7][7];
    int i,j;
    fun(a);
    for(i=0;i<7;i++)
    {
/***********SPACE***********/
        for(j=0; 【4】 ;j++)
            printf("%6d",a[i][j]);
        printf("\n");
    }
}
```

(3) 请补充完整程序实现把一个整数转换成字符串,并逆序保存在字符数组 str 中。例如:当 n=13572468 时,str="86427531"。

```
#include<stdio.h>
#include<conio.h>
#define N 80
void fun(long n,char s[])
```

```
{
    int i=0;
    /***********SPACE***********/
    while( 【1】 )
    {
        /***********SPACE***********/
        s[i]= 【2】 ;
        n/=10;
        i++;
    }
    /***********SPACE***********/
    【3】 ;
}
int main()
{
    long int n=13572468;
    char str[N];
    printf("*** the origial data ***\n");
    printf("n=%ld",n);
    fun(n,str);
    printf("\n*** the origial data ***\n");
    printf("%s\n ",str);
}
```

(4) 请补充完整程序实现把形参 a 所指数组中的偶数按原顺序依次存放到 a[0],a[1], a[2],…中,把奇数从数组中删除,偶数的个数通过函数值返回。

例如:若 a 所指数组中的数据最初排列为:9,1,4,2,3,6,5,8,7,删除奇数后 a 所指数组中的数据为:4,2,6,8,返回值为 4。

```
#include<stdio.h>
#define N 9
int fun(int a[], int n)
{
    int i,j;
    j=0;
    for (i=0; i<n; i++)
/***********SPACE***********/
        if( 【1】 ==0)
        {
/***********SPACE***********/
            【2】 =a[i];
            j++;
        }
/***********SPACE***********/
    return 【3】 ;
}
```

```
int main()
{
    int b[N]={9,1,4,2,3,6,5,8,7}, i, n;
    printf("\nThe original data   :\n");
    for (i=0; i<N; i++)
        printf("%4d ", b[i]);
    printf("\n");
    n=fun(b, N);
    printf("\nThe number of even  : %d\n", n);
    printf("\nThe even   :\n");
    for (i=0; i<n; i++)
        printf("%4d ", b[i]);
    printf("\n");
}
```

(5) 请补充完整程序实现逆置数组元素中的值。

例如：若 a 所指数组中的数据为：1、2、3、4、5、6、7、8、9，则逆置后依次为：9、8、7、6、5、4、3、2、1。形参 n 给出数组中数据的个数。

```
#include<stdio.h>
void fun(int a[], int n)
{
int i,t;
/***********SPACE***********/
    for(i=0; i< 【1】 ; i++)
    {
        t=a[i];
/***********SPACE***********/
        a[i]=a[ 【2】 ];
/***********SPACE***********/
        【3】=t;
    }
}
int main()
{
    int b[9]={1,2,3,4,5,6,7,8,9}, i;
    printf("\nThe original data   :\n");
    for (i=0; i<9; i++)
        printf("%4d ", b[i]);
    printf("\n");
/***********SPACE***********/
    fun( 【4】 , 9);
    printf("\nThe data after invert   :\n");
    for (i=0; i<9; i++)
        printf("%4d ", b[i]);
    printf("\n");
```

```
        return 0;
    }
```

四、程序改错题(在标识"FOUND"的下一行有错)

(1) 计算数组元素中值为正数的平均值(不包括0)。例如:数组中元素的值依次为39,-47,21,2,-8,15,0,则程序的运行结果为19.250000。下面给定的程序存在错误,请改正。

```
#include<stdio.h>
double fun(int s[])
{
    /**********FOUND1**********/
    int sum=0.0;
    int c=0,i=0;
    /**********FOUND2**********/
    while(s[i]=0)
    {
        if (s[i]>0)
        {
            sum+=s[i];
            c++;
        }
        i++;
    }
    /**********FOUND3**********/
    sum\=c;
    /**********FOUND4**********/
    return c;
}
int main()
{
    int x[1000];int i=0;
    do
    {
        scanf("%d",&x[i]);
    }while(x[i++]!=0);
    printf("%f\n",fun(x));
    return 0;
}
```

(2) fun 函数的功能是:计算二维数组周边元素之和,作为函数值返回。二维数组中的值在主函数中赋予。例如,若二维数组中的值为:

1	3	5	7	9
2	9	9	9	4
6	9	9	9	8
1	3	5	7	0

则函数值1+3+5+7+9+4+8+0+7+5+3+1+6+2=61。下面给定的程序存在错误,

请改正。

```
#include<stdio.h>
/***********FOUND1***********/
int fun(int a[4][])
{
    int i,j,sum=0;
    for(i=0;i<4;i++)
        for(j=0;j<5;j++)
            /***********FOUND2***********/
            if(i==0&&j==0&&i==3&&j==4)
            /***********FOUND3***********/
                sum=a[i][j];
            return sum;
}
int main()
{
    int aa[4][5]={{1,3,5,7,9},{2,9,9,9,4},{6,9,9,9,8},{1,3,5,7,0}};
    int i,j,y;
    printf("The original data is:\n");
    for(i=0;i<4;i++)
    {
        for(j=0;j<5;j++)
            printf("%6d",aa[i][j]);
        printf("\n");
    }
    y=fun(aa);
    printf("The sum:%d\n",y);
    return 0;
}
```

(3) main 函数调用 fun 函数,将 str 字符串中的所有与字符变量 ch 中相同的字符去掉,最后输出 str 字符串。下面给定的程序存在错误,请改正。

```
#include<stdio.h>
void fun(char [], char );
int main()
{
    char str[100], ch;
    gets(str);
    scanf("%c",&ch);
    /***********FOUND1***********/
    fun(str[],ch);
    printf("%s\n",str);
    return 0;
}
```

```
void fun(char str[], char ch)
{
    int i=0, j=0;
    while (str[i]!=0)
    {
        if(str[i]!=ch)
        {
/***********FOUND2***********/
            str[j++]=str[i++];
        }
        i++;
    }
/***********FOUND3***********/
    str[i]='\0';
}
```

五、程序设计题（用函数实现）

（1）输入 5 个整数存放在一维数组中，输出其中正整数的累加和与正整数的平均值（结果保留 1 位小数）。

（2）求出 200 之内的所有素数存放到一维数组 a 中，并按每行 6 个输出到屏幕。

（3）编写程序，输出 1000 以内的所有完数及其因子。所谓完数是指一个整数的值等于它的因子之和。例如，6 的因子是 1、2、3，而 6＝1＋2＋3，故 6 是一个完数。

（4）输入一个整数 key，判断 key 是否在二维数组 a[3][4]＝{2,10,9,17,23,16,18,32,19,3,26,30}中，若 key 在数组中，则输出数组元素的行下标，否则输出"不存在"。例如输入 9，输出"9 在数组的第 0 行"。

（5）编写程序，将两个字符串 s1 和 s2 连接起来，不要用 strcat 函数。

（6）输入一个以回车结束的字符串（少于 80 个字符），将它的内容逆序输出。如"ABCD"的逆序为"DCBA"。

第 8 章 指 针

指针是 C 语言非常重要的概念。指针丰富了 C 语言的功能,也是 C 语言的特色和精华。使用指针可以实现存储空间的动态分配,在函数调用时使用指针可以"返回"多个值。运用指针编程,可以使程序更加简洁、灵活,还可以改善某些函数的执行效率,生成更高效、紧凑的代码。能否正确理解和使用指针,是掌握 C 语言的标志之一。

8.1 地址和指针

对变量的访问可以有两种形式:直接访问和间接访问。例如某宾馆住宿的旅客如果他有自己房间的钥匙可以自己直接开门,如果出去时没带钥匙,需要到服务台找服务员要来钥匙再开门。前者属于直接访问,后者属于间接访问。与此类似,对变量的访问可以直接访问——直接利用变量的地址进行存取,也可以间接访问——通过另一变量找到该变量的地址,再根据这个地址去访问该变量的值。

8.1.1 变量的地址

C 程序中变量的值都存储在计算机内存中,内存是以字节为单位的连续存储空间,每个存储单元都有一个编号,我们可以根据一个内存单元的编号准确地找到这个内存单元,这些编号就称为地址。如果程序中定义了一个变量,编译时系统就会根据这个变量的类型分配相应大小的内存单元,例如在 VC++ 2010 编译环境中,int 型分配 4 个字节、float 型分配 4 个字节、char 型分配 1 个字节等。

假设程序定义了 2 个整型变量 a、b,编译时系统将存储单元 2000~2003 这四个字节分配给变量 a,2004 至 2007 分配给变量 b,如图 8-1 所示。每个变量的地址是指该变量所占存储单元的第一个字节的地址,其中,a 的地址是 2000,b 的地址是 2004。

C 语言中一般使用指针对变量的地址进行操作,变量的地址用指针存放,通常我们把变量的地址称为该变量的指针,即指针是一个地址,是常量。

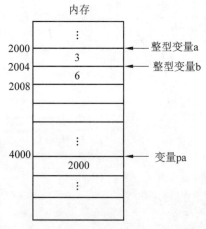

图 8-1 变量的地址和指针变量示意图

8.1.2 指针变量

1. 指针变量的概念

如果一个变量专门用来存储其他变量的地址,那么这个变量就称为指针变量。

例如,变量 a 的地址是 2000,用一个变量 pa(假设 pa 有自己的地址 4000)存储变量 a 的地址 2000(如图 8-1 所示),那么 pa 就是指针变量,因此指针变量存放的不是普通的数据而是另一个变量的地址。pa 和 a 的关系也可形象化的表示为图 8-2。

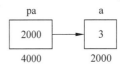

图 8-2 指针变量 pa 与变量 a 的关系

指针变量也是一个变量,它和普通变量一样也占用一定的存储空间,例如在 VC++ 2010 中指针变量占 4 个字节。需要说明的是指针变量所占存储空间与其所指向的变量类型无关。

严格地说,指针是地址常量,而指针变量存放的是变量的地址,是变量。在本书中,为了方便,在不发生混淆的情况下,经常把指针变量简称为指针。

2. 指针变量的定义

指针变量的一般定义形式为:

类型说明符　*指针变量名;

说明:

(1) 类型说明符表示该指针变量所指向变量的数据类型。
(2) "*"表示其后的变量是一个指针变量。
(3) 指针变量的命名规则与普通变量一样。
(4) C 语言规定指针变量的类型必须要与其所指向变量的类型相同,即 float 型的指针只能指向 float 型的变量。

例如:

```
int *p;              /*定义 p 是一个指向整型数据的指针变量*/
float *a,*b,*c;      /*同时定义多个指针变量时,各个指针变量之间用逗号隔开*/
```

3. 指针变量的初始化

和普通变量一样,指针变量可以在定义的同时进行初始化。
例如:

```
int a,*p=&a;         /*指针 p 指向变量 a*/
char c,*q=&c;
```

指针也可以先定义,后确定其指向。
例如:

```
int a=8,*p=&a;
```

可以改写为:

```
int a=8,*p;
```

```
p=&a;
```

可以用图 8-3 形象化表示指针 p 指向变量 a。

说明：

(1) 不能将一个整型变量赋值给一个指针变量。

(2) 指针必须与所指向的变量类型相同。

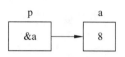

图 8-3　指针 p 指向变量 a

(3) 指针只有初始化后才能使用，否则指针没有指向，不能表示任何一个变量的地址。

例如：

```
#include<stdio.h>
int main()
{
    int i=8;
    int * p;
    printf("%d", * p);      /* 指针 p 未赋初值,程序会终止运行 */
    return 0;
}
```

上面程序编译连接时不报错，但运行时程序会中止，这是由于未对指针 p 赋初值造成的，因此需要将上述程序"int * p;"语句修改为：

```
int * p=&i;                 /* 给指针 p 赋初值,使其指向变量 i */
```

4. 空指针

对未经过初始化的指针进行操作可能会导致系统瘫痪。因此，对定义后暂不使用的指针变量可以赋值为空指针 NULL，表示它不指向任何数据。

将空指针赋值给一个指针变量后，说明该指针变量的指向不是不确定的，而是一个有效值，但不指向任何变量，只是表示指针变量的一种状态。

下面 2 条语句等价，都表示指针变量 p 为空指针：

```
p=0;
p=NULL;                     /* 推荐使用 */
```

8.2　指针的基本运算

1. 两个特殊的指针运算符 & 和 *

(1) 取地址运算符 &。取地址运算符 & 是单目运算符，其结合性为自右向左，功能是取变量的地址。例如 &a 就是取变量 a 的地址。

(2) 间接访问运算符 *。间接访问运算符也叫做取内容运算符，是单目运算符，其结合性为自右向左，功能是访问指针所指向的变量。

说明：* 号在不同的位置可以有不同含义：它可以作为算术运算符乘号、定义指针，如果出现在表达式中表示指针所指向的变量。

例如：

```
int a=9;
int * p=&a;
* p=6 * 2;                /* * p 代表变量 a,相当于 a=6 * 2 */
* p= * p+3;               /* 相当于 a=a+3 */
```

说明：运算符 * 和 & 是互逆运算符。若有语句

int a, * p=&a;

则

p⇔&a ⇔&(* p), a⇔ * p⇔ * (&a)

即 &(* p)的结果就是 p, * (&a)的结果就是 a。

【例 8-1】 观察下面程序的运行结果。

源程序

```
#include<stdio.h>
int main()
{
    int a=5,b=7, * p;
    p=&a;
    * p=b;
    printf("a=%d\n",a);
    return 0;
}
```

运行结果：

a=7

程序执行时,p 指向 a,如图 8-4(a),执行" * p=b;"时,相当于执行 a=b,因此最后 a 的值为 7,如图 8-4(b)所示。

2. 指针之间的赋值运算

指针之间只有类型相同才可以相互赋值,赋值后两个指针指向同一个变量。不同类型的指针不能相互赋值。

例如：

```
int * p, * q;
int a=9;
p=&a;
q=p;                      /*指针 p 赋值给指针 q,p 和 q 同时指向变量 a,如图 8-5 所示 */
```

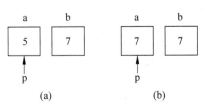
图 8-4 指针 p 指向变量 a

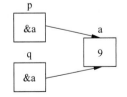
图 8-5 两个指针指向同一个变量

8.3 指针与数组

指针和数组有着密切的联系,通过指针可以方便快捷地读取数组每一个元素。前面章节对数组元素的访问是通过下标法,即通过数组的下标来标识不同的数组元素。本节介绍另一种访问方法:用指针引用数组元素。使用下标法很直观,容易理解;而使用指针法,能使目标程序占用内存少、运行速度快,使编写的程序更加简洁、灵活。

8.3.1 指针和一维数组

C 语言规定,数组名代表数组的起始地址。将数组名赋给一个指针,表示指针指向数组的第 0 个元素。通过移动指针可以访问数组每一个元素。

1. 指针指向一维数组

如果指针 p 指向数组 a 的起始地址,如图 8-6 所示,可以用以下几种方式给指针 p 赋值:

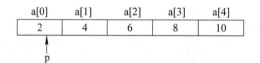

图 8-6　指针 p 指向数组起始地址

(1)int a[5],*p=a;　/*a 前没有 & 符号,因为数组名 a 代表数组的起始地址*/
(2)int a[5],*p=&a[0];　/*a[0]前有 & 符号,因为 a[0]代表元素不代表地址*/

2. 指针的算术运算

1) 指针和整数进行加减运算

指针加上或减去一个整数 n 分别表示指针后移或前移 n 个存储单元,其实质是指针的移动。只有当指针指向连续的存储单元时,指针的移动才有意义。

指针移动的最小单位是一个存储单元而不是一个字节。对类型不同的指针变量,其增 1 或减 1 所移动的字节数是不同的(例如 float 型、char 型指针移动一个单位分别为 4 个字节、1 个字节),因此不同类型的指针不能混合使用。

2) 指针的自增、自减运算

指针自增、自减运算实际上是地址运算。指针加 1 运算后指针指向下一个存储单元的起始地址,指针减 1 运算后指针指向上一个存储单元的起始地址。

当指针自增、自减运算与其他运算符组成一个表达式时,要注意其优先级和结合性。下面通过一个例子来比较 *p++、*(++p)、(*p)++和++(*p)的区别。

【例 8-2】 观察下面程序的输出结果。
源程序

```
#include<stdio.h>
```

```
int main()
{
    int a[5]={2,4,6,8,10},b,c,d,e,* p;
    p=a;
    b= * p++;
    c= * ++p;
    d=( * p)++;
    e=++( * p);
    printf("b=%d,c=%d,d=%d,e=%d\n",b,c,d,e);
    return 0;
}
```

运行结果：

b=2,c=6,d=6,e=8

分析：

结合图 8-6,可知：

(1) b= * p++等价于 b= *(p++)。因为++和 * 优先级相同,这两个运算符都是右结合,所以先取 p 所指存储单元的内容 2 赋值给 b,然后指针 p 移向下一个内存单元 a[1]。

(2) c= * ++p 等价于 c= *(++p)。根据右结合属性,先使指针 p 移动到下一个数组元素 a[2],然后取出其中的数据 6。

(3) d=(* p)++,这里(* p)表示 a[2],先取 * p 赋值给 d,然后 * p 自增 1。此时 d=6 而 p 所指的 a[2]的值变为 7。

(4) e=++(* p),这里(* p)表示 a[2],首先 * p 自增 1,使 a[2]的值变为 8,然后将更新后的 a[2]赋值给 e。

3) 两个指针相减

如果两个指针 p1 和 p2 分别指向同一数组的不同元素,p1-p2 表示指针间相差的数组元素个数,p1+p2 无意义;p1,p2 指向不同数组时,p1 与 p2 的加减运算无意义。

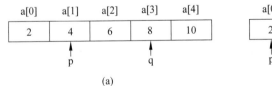

图 8-7 指针移动

例如：在图 8-7(a)所示情况下,有如下语句：

```
int a[5], * p, * q;
p=&a[1];
q=p+2;
p--;
q++;
```

```
printf("%d",q-p);              /*指针p和q相差的元素个数*/
```

执行上面语句后,q-p的值为4,p、q位置如图8-7(b)所示。

4) 指针的关系运算

比较指针值的大小可以使用关系运算符>、>=、<、<=、==和!=。

如果指针p和q类型相同,且指向同一连续的存储区域:

p<q 表示p的地址值小于q的地址值,即p在前q在后;

p==q 表示p和q指向同一个存储单元;

p>q 表示p的地址值大于q的地址值,即p在后q在前。

3. 通过指针引用数组元素

数组名是一个常量,不允许对其进行自增和自减运算。但数组名可以加上或减去一个整数值(这个整数不应该超出数组元素的个数,否则会超出范围),并把结果赋值给另一个指针变量。

例如:

```
int a[10], *p, i;
p=a+2;                         /*p指向a[2]*/
```

数组名a代表数组的起始地址,等价于&a[0],a+1代表数组元素a[1]的地址……a+i代表数组元素a[i]的地址,等价于&a[i]。如果要访问数组元素,可以用*(a+i)表示a[i]。

也可以利用指向数组的指针,进行加减运算来访问整个数组元素。如果p已经指向数组a的某个元素,则p+1就指向紧挨着这个元素的下一个元素……p+i就指向这个元素后面的第i个元素。

若有"int a[10], *p=a;",则数组元素及其地址的表示形式如图8-8所示。

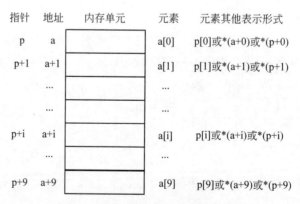

图8-8 数组元素及其地址的表示形式

总结:通过指针引用数组元素主要有以下3个步骤:

(1) 定义指针和数组。例如,"int *p,a[10];"。

(2) 指针指向数组。例如,"p=a;"或"p=&a[0];"。

(3) 通过指针引用数组元素。例如,p[i]或*(p+i)。

注意：p+1与p++虽然都是对指针进行加1运算，但p+1并不改变当前p的指向,p仍然指向原来指向的元素,而p++改变了p的指向,使指针p指向了下一个元素。

【例 8-3】 一维数组元素的输入和输出。

分析：下面几种方法都属于指针法,但执行效率不同。

方法 1：用数组名引用数组元素

源程序

```
#include<stdio.h>
int main()
{
    int a[5], * p, i;
    p=a;
    for(i=0;i<5;i++)
        scanf("%d",a+i);           /*用 a+i 表示 &a[i]*/
    for(i=0;i<5;i++)
        printf("%d  ", * (a+i)); /*用 * (a+i)表示数组元素 a[i]*/
    return 0;
}
```

修改上述程序,如果将输入语句中的 a+i 改为 &a[i],将输出语句中 * (a+i)改为 a[i],就是第 7 章中介绍的下标法。

方法 2：用指针引用数组元素

源程序

```
#include<stdio.h>
int main()
{
    int a[5], * p, i;
    p=a;
    for(i=0;i<5;i++)
        scanf("%d",p+i);
/*指针 p 的位置没有移动,只是通过加一个整数 i 来引用数组元素的地址*/
    for(i=0;i<5;i++)
        printf("%d  ", * (p+i));
    return 0;
}
```

方法 3：

```
#include<stdio.h>
int main()
{
    int a[5], * p;
    for(p=a;p<a+5;p++)      /*通过移动指针 p 的位置来引用数组元素的地址*/
        scanf("%d",p);
    for(p=a;p<a+5;p++)      /*执行上面循环后,指针 p 的指向已经超出了数组 a 的范围,需
                              要用语句 p=a;使指针 p 重新指向数组 a 的起始地址*/
```

```
        printf("%d  ",*p);
    return 0;
}
```

说明：上述几种方法中，下标法最直接，也容易理解，下标法和用数组名引用数组元素方法的执行效率是一样的，执行速度最快的是使用指针，由于指针进行自增、自减的速度比指针加上或减去一个整数的速度要快，所以最后一种方法的执行效率最高。

【例 8-4】 设数组 a 有 5 个元素，通过指针求其所有元素的平均值。

分析：在编写程序时，可以不断移动指针 p，使其指向不同的数组元素，通过 for 循环计算数组所有元素的平均值。

源程序

```
#include<stdio.h>
int main()
{
    double a[5],avg=0,*p=a;
    for(p=a; p<a+5; p++)        /*移动指针p,使其依次指向每个数组元素*/
    {
        scanf("%lf",p);
        avg += *p;              /*通过指针访问数组元素,累加各个元素的值*/
    }
    avg /=5;
    printf("数组的平均值为：%lf\n",avg);
    return 0;
}
```

运行结果：

```
1.2  3.4  5.6  7.8  8.9↙
数组的平均值为：5.380000
```

8.3.2 指针和二维数组

指针指向二维数组，访问数组元素的方法比一维数组复杂一些。为了方便理解，可以将二维数组理解为一个一维数组，其每个元素又是一个一维数组。

例如：

int a[3][4],i,j;

数组 a[3][4] 是一个 3 行 4 列的二维数组，我们可以把它看成是一个有 3 个元素的一维数组：它们分别为 a[0]、a[1] 和 a[2]。各个元素又是一个有 4 个元素的一维数组，如图 8-9 所示。可以看出：a[0] 代表第 0 行的起始地址、a[1] 代表第 1 行的起始地址……，则数组元素 a[i][j] 的地址可以由 a[i]+j 得到。

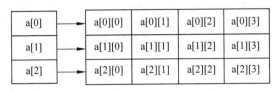

图 8-9 一个二维数组可以用一维数组表示

二维数组 a[3][4]元素及其地址表示法如表 8-1 所示。

表 8-1 二维数组元素和地址的表示方法

元 素	地 址	元 素	地 址
a[i][j]	&a[i][j]	(*(a+i))[j]	&(*(a+i))[j]
*(a[i]+j)	a[i]+j	*(&a[0][0]+4*i+j)	&a[0][0]+4*i+j
((a+i)+j)	*(a+i)+j	*(a[0]+4*i+j)	a[0]+4*i+j

总结：若有二维数组 a,a[i][j]表示数组中某个元素,则:
(1) a 表示二维数组的起始地址,即第 0 行的起始地址。
(2) a+i 表示第 i 行的起始地址。
(3) *(a+i)⇔a[i]⇔&a[i][0],表示第 i 行第 0 列元素地址。
(4) a[i]+j⇔*(a+i)+j,表示第 i 行第 j 列的元素地址。
(5) *(a[i]+j)⇔*(*(a+i)+j)⇔a[i][j],表示第 i 行第 j 列的元素。
对于二维数组还可以使用行指针来处理,详见 8.6 节"指向指针的指针和指针数组"。

【例 8-5】 输入和输出一个二维数组的数组元素。

```
#include<stdio.h>
#define M 2
#define N 3
int main()
{
    int a[M][N],i,j;          /*定义一个 2 行 3 列的数组*/
    for(i=0;i<M;i++)
        for(j=0;j<N;j++)
            scanf("%d",*(a+i)+j);
    for(i=0;i<M;i++)
    {
        for(j=0;j<N;j++)
            printf("%5d",*(*(a+i)+j));
        printf("\n");
    }
    return 0;
}
```

运行结果：

```
1  4  7  2  5  8
1     4     7
   2     5     8
```

8.4 指针与字符串

在第 7 章"数组"中介绍了字符数组的概念以及用字符数组处理字符串的方法,实际上也可以用指针的方法处理字符串,而且使用指针可以更加灵活、方便。

8.4.1 字符指针

C 语言中没有专门针对字符串的数据类型,对字符串的操作可以通过字符数组和字符指针来完成。例如:

```
char *ps;                    /*定义了一个指向字符型变量的指针 ps*/
```

字符指针既可以指向字符,也可以指向字符串,还可以指向字符数组。
例如:

```
char str[]="China", *ps;
ps="China";                  /*ps 指向字符串的起始地址*/
ps=str;                      /*ps 指向字符数组 str 的起始地址*/
```

8.4.2 字符指针与字符数组

虽然用字符指针和字符数组都能实现字符串的存储和处理,但二者是有区别的。
例如:

```
char str[ ]="We are students";
char *ps=" We are students";
```

字符数组 str 在内存中占用了一片连续的内存单元,如图 8-10(a)所示,有确定的地址,每个数组元素存放字符串的一个字符。字符指针 ps 只占用一个可以存放地址的内存单元,存储字符串的起始地址,而不是将字符串放到指针变量中去,如图 8-10(b)所示。

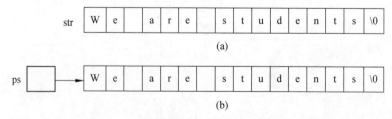

图 8-10 用字符数组和字符指针表示字符串

说明：

（1）如果要改变数组 str 所代表的字符串，只能改变数组元素的值。

（2）如果要改变指针 ps 所代表的字符串，通常直接改变指针变量的值，使它指向新的字符串。

用指针引用字符数组的元素，既可以逐个字符引用也可以整体引用。

【例 8-6】 使用字符指针输出字符串的内容。

分析：使用字符指针逐个引用字符串中的字符，因为字符串的结束标志是'\0'，所以用 while(*ps!='\0')判断当前位置是否为字符串末尾。

源程序

```
#include<stdio.h>
int main()
{
    char *ps="We are students";
    while(*ps!='\0')
    {
        printf("%c", *ps);              /*用%c格式逐个输出字符*/
        ps++;
    }
    printf("\n");
    return 0;
}
```

运行结果：

```
We are students
```

从上例中可以看出，字符串没有存放在一维数组中，而是通过赋值的方法使字符指针 ps 指向了字符串的起始地址。

【例 8-7】 观察下面程序的运行结果。

源程序

```
#include<stdio.h>
#include<string.h>
int main()
{
    char str[]="ABCD",*ps;
    int n;
    n=strlen(str);                      /*求出字符数组 str 的长度赋值给变量 n*/
    for(ps=str;ps<str+n;ps++)           /*移动指针,输出不同的字符串*/
        printf("%s\n",ps);              /*用%s 格式可以整体输出字符串*/
    printf("字符数组的元素为：%s\n",str); /*观察原始字符数组的元素是否改变*/
    return 0;
}
```

运行结果：

```
ABCD
BCD
CD
D
字符数组的元素为：ABCD
```

通过上例可以看出，在输出语句中用%s格式可以整体输出一个字符串。移动指针使其每次指向不同的数组元素，能够输出不同的字符串（输出字符串时从 ps 指向的数组元素开始依次输出各字符，直到遇到'\0'为止），但字符数组的元素没有任何变化，因此使用字符指针处理字符串可以更加灵活。

改写上述程序：

```c
#include<stdio.h>
int main()
{
    char str[]="ABCD",*ps;
    for(ps=str;*ps!='\0';ps++)
        printf("%s\n",ps);
    printf("字符数组的元素为：%s\n",str);
    return 0;
}
```

运行结果同上。可以看出，后一种方法更加简洁、高效，通常用 *ps 是否等于'\0'判断字符串的结束位置，而不是用求字符串的长度的方法。

用字符数组和字符指针处理字符串的比较：

(1) 存储内容不同。字符指针中存储的是字符串的起始地址，而字符数组中存储的是字符串本身（数组的每个元素存放一个字符）。

(2) 赋值方式不同。可以直接将一个字符串赋值给字符指针。例如：

```c
char  *ps;
ps="China";
```

但不能将字符串赋值给字符数组。下面的用法是错误的：

```c
char str[20];
str="china";              /*错误用法*/
```

8.5 指针与函数

在 C 语言中，指针在函数中的应用主要有以下三个方面：
(1) 指针作为函数的参数。
(2) 指针作为函数的返回值。
(3) 指向函数的指针。

8.5.1 指针作为函数的参数

指针作为函数的参数不仅可以将一个变量的地址传送给形参,还可以通过函数调用的方法得到多个值。

函数的形参如果是普通变量,形参与实参之间是值传递,形参的改变不能影响实参。如果指针作为形参,则主调函数对应的实参就必须是同类型变量的地址或指针,是地址传递,实参和形参共享同一段内存,形参的改变会影响实参。

【例 8-8】 在 main 函数中输入两个整数 a 和 b,通过调用 swap 函数实现交换 a 和 b 的值。

分析:第 6 章"函数"中用值传递的方法没能解决这个问题,下面用地址传递的方法来实现,即利用指针作为形参实现交换 a 和 b 的值。

例 8-8

源程序

```
#include<stdio.h>
void swap(int *p,int *q)      /*形参为指针*/
{
    int t;
    t=*p;                     /*交换指针p和q所指向变量的内容,即a和b的值*/
    *p=*q;
    *q=t;
    printf("swap 中:*p=%d,*q=%d\n",*p,*q);
}
int main()
{
    int a,b;
    printf("输入两个整数 a,b:");
    scanf("%d,%d",&a,&b);
    printf("调用 swap 前:a=%d,b=%d\n",a,b);
    swap(&a,&b);              /*实参为地址*/
    printf("调用 swap 后:a=%d,b=%d\n",a,b);
    return 0;
}
```

运行结果:

```
输入两个整数 a,b:3,8↙
调用 swap 前:a=3,b=8
swap 中:*p=8,*q=3
调用 swap 后:a=8,b=3
```

形参在函数调用开始时才分配存储空间,函数调用结束后立即被释放。

指针作为函数参数实现两数互换的过程如图 8-11 所示。在 swap 函数中,指针 p 指向 main 函数的变量 a,指针 q 指向 main 函数的变量 b,因此,交换 *p 和 *q 的值,相当于交换 main 函数中的变量 a 和 b 的值。

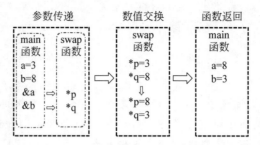

图 8-11 指针作为函数参数实现两数互换

如果将 swap 函数修改为：

```
void swap(int * p,int * q)
{
    int * t;
    t=p;   p=q;   q=t;         /*交换的只是p和q的指向*/
    printf("swap 中：* p=%d, * q=%d\n", * p, * q);
}
```

运行结果：

```
输入两个整数 a,b:3,8↙
调用 swap 前：a=3,b=8
swap 中：* p=8, * q=3
调用 swap 后：a=3,b=8
```

结论：这种传递虽然实参为指针也属于"地址传递"，但 a,b 的值并未改变，还保持原值。因为在调用 swap 函数时，swap 函数中改变的只是指针 p 和 q 的指向，并未改变 p 和 q 所指存储单元的数据，即并未从根本上改变 a 和 b 的值，因此不能交换 main 函数中 a,b 的值。

8.5.2 数组名与指针作为函数参数的比较

第 7 章"数组"中已经介绍了数组名作为函数参数的实例，数组名作为函数参数属于地址传递，在函数调用时，将实参数组的起始地址传给形参（指针变量），因此，形参也指向实参数组的起始地址，形参的改变会影响实参。即无论传递数组起始地址的函数参数是数组名还是指针，其实质都是指针，在函数被调用时，该指针通过参数传递指向数组。

【例 8-9】 计算 N 个学生的平均分。

源程序

方法 1：实参用指针，形参用数组名

```
#include<stdio.h>
#define N 5
float fun(int a[],int n)                           /*数组名作形参*/
{
```

```
    int i;
    float ave=0;
    for(i=0;i<n;i++)
        ave=ave+a[i];
    ave=ave/n;
    return ave;
}
int main()
{
    int score[N],*p;
    for(p=score;p<score+N;p++)
        scanf("%d",p);
    p=score;
    printf("%d个学生的平均分为%.2f\n",N,fun(p,N));    /*函数调用时用指针作为实参*/
    return 0;
}
```

方法 2：实参和形参均用指针

```
#include<stdio.h>
#define N 5
float fun(int *q)
{
    int i;
    float ave=0;
    for(i=0;i<N;i++,q++)                              /*通过指针访问数组元素*/
        ave=ave+*q;
    ave=ave/N;
    return ave;
}
int main()
{
    int score[N],*p;
    float avg;
    for(p=score;p<score+N;p++)
        scanf("%d",p);
    p=score;
    avg=fun(p);                                        /*实参也可以是数组名score*/
    printf("%d个学生的平均分为%.2f\n",N,avg);
    return 0;
}
```

运行结果：

```
86 85 98 100 25✓
5个学生的平均分为78.80
```

实参用数组名或指针对程序的执行效率无影响,其效率是相同的;而形参使用指针可以提高程序的执行效率。

函数调用时有且只有一个返回值。如果通过函数调用的方法得到多个返回值怎么办呢?指针作函数的参数可以解决这一问题。

【例8-10】 通过函数调用的方法计算 N 个学生的平均分、最高分和最低分。

源程序

```
#include<stdio.h>
#define N 5
float fun(int * q,int * m,int * n)         /*通过指针作形参的方法得到多个值*/
{
    int i;
    float ave=0;
    * m= * n= * q;
    for(i=0;i<N;i++,q++)
    {
        ave=ave+ * q;
        if( * m< * q)  * m= * q;
        if( * n> * q)  * n= * q;
    }
    ave=ave/N;
    return ave;
}
int main()
{
    int score[N], * p,max,min;
    float avg;
    for(p=score;p<score+N;p++)
        scanf("%d",p);
    p=score;                                /*将指针移到数组的起始位置*/
    avg=fun(p,&max,&min);
    printf("%d个学生的平均分为%.2f\n",N,avg);
    printf("%d个学生的最高分和最低分分别为%d,%d\n",N,max,min);
    return 0;
}
```

运行结果:

```
86 85 98 100 25
5个学生的平均分为78.80
5个学生的最高分和最低分分别为100,25
```

上例中,通过函数返回值的方法计算出平均分;通过指针作形参(地址传递)的方法,分别得到了最高分和最低分。

C语言中字符串也可以作函数的参数,这时函数的参数可以为字符数组名或指向这个字符串的指针。

【例 8-11】 编写一个字符串复制函数,将字符数组 s2 中的全部字符(包括'\0')复制到字符数组 s1 中,不要使用 strcpy 函数。

分析:利用循环,把数组 s2 中每个元素的值依次赋给数组 s1 中的相应元素,赋值结束后,在 s1 的末尾添加字符串的结束标志'\0'。注意数组 s1 应足够大。

源程序

```c
#include<stdio.h>
void copy(char * c1,char * c2);     /*形参为字符指针,接收字符串或字符数组起始地址*/
int main()
{
    char s1[80],s2[80];
    printf("请输入源字符串:\n");
    gets(s2);
    copy(s1, s2);
    printf("拷贝后的字符串为:\n");
    puts(s1);
    return 0;
}
void copy(char * c1,char * c2)
{
    while(* c2!='\0')         /*判断是否到了数组 s2 的末尾*/
    {
        * c1=* c2;
        c1++;
        c2++;
    }
    * c1='\0';                /*一定要加上字符串结束标志'\0',否则运行结果错误*/
}
```

运行结果:

```
请输入源字符串:
WE ARE HAPPY↙
拷贝后的字符串为:
WE ARE HAPPY
```

说明:本例中,形参指针 c1 指向 main 函数的数组 s1,形参 c2 指向 main 函数的数组 s2,改变 * c1 和 * c2,相当于改变数组 s1 和 s2 对应的元素值。

8.5.3 指针型函数

一个函数的返回值可以是各种类型,如 int、float、double、char 型的数据,也可以返回一个指针类型的数据,这种返回指针值的函数称为指针型函数。

指针型函数的定义格式如下：

类型说明符 * 函数名(形参表)
{
……   /* 函数体 */
}

说明：

(1) 函数名前加一个"*"号表示这是一个指针型函数，调用它后能得到一个与所指类型说明符相对应的指针(地址)。

例如：

float * fun(int a)

(2) 函数名两侧的运算符分别为 * 和( )，因为( )比 * 优先级高，因此 fun 首先与( )结合说明 fun 是一个函数，然后再与 * 结合，说明此函数的值为指针，该指针指向 float 型的数据。

调用形式：

指针变量=函数名(实参);

【例 8-12】 用指针型函数求二维数组每行的平均值，将其放到一个一维数组中。
源程序

```
#include<stdio.h>
float * fun(float b[][4],int n)
{
    float m[3]={0,0,0};
    int i,j;
    for(i=0;i<n;i++)
    {
        for(j=0;j<4;j++)
            m[i]=m[i]+b[i][j];      /*计算二维数组 b 某行的和*/
        m[i]=m[i]/4;                /*将某行的平均值放到一维数组 m 的对应元素中*/
    }
    return m;
}
int main()
{
    float a[3][4]={1,2,3,4,5,6,7,8,9,10,11,12};
    float * f;
    f=fun(a,3);
    printf("%.1f,%.1f,%.1f\n",f[0],f[1],f[2]);
    return 0;
}
```

运行结果：

```
2.5,6.5,10.5
```

8.5.4 指向函数的指针

指向函数的指针也称为"函数指针"。C语言中，函数不能作为参数在函数间进行传递，但实际应用中有时需要把一个函数作为参数传给另一个函数，解决的方式是使用指向函数的指针作为参数。这种传递不是传递普通变量的地址，而是传递函数的入口地址，即函数名。

1. 函数指针的定义

函数指针的定义格式为：

类型说明符 (*变量名)(形参表);

类型说明符表示函数返回值的类型，变量名是指向函数的指针变量的名称。
例如：

```
int (*fp)(int,int);
```

定义了一个函数指针 fp，它可以指向有两个整型参数且返回值的类型为 int 的函数。

注意：(*fp)中的圆括号不能省略，fp 先与 * 结合，说明 fp 是一个指针变量。若省略成为"int *fp(int,int);"，则说明 fp 是一个指针型函数。

2. 通过函数指针调用函数

使用函数指针前，要先对它赋值，把被调函数的入口地址（函数名）赋给函数指针变量，被调函数必须在调用前已经定义或声明。
假设已声明一个函数"int fun(int);"，则主调函数中下列语句的意义为：

```
int (*fp)(int);        /*说明 fp 是指向函数的指针*/
fp=fun;                /*将函数 fun 的入口地址赋值给 fp,从而使 fp 指向 fun*/
```

编译时对函数名的处理方式为：自动把函数名转换为指向该函数在内存中的起始地址。

调用函数有两种方法：
(1) 直接用函数名。例如：

```
fun(3.5)
```

(2) 通过函数指针。通过函数指针调用函数的形式为：

(*函数指针名)(实参表)

例如：

```
y=(*fp)(3.5);
```

总结：用函数指针形式调用函数的步骤：

(1) 定义函数指针。
(2) 把被调函数的入口地址(函数名)赋予该函数指针变量。
(3) 用函数指针的形式调用函数。

【例 8-13】 用函数指针的方法求函数 $f(x)=x^2-2x+3$ 的值。

源程序

```c
#include<stdio.h>
double fun(float a)
{
    return (a*a-2*a+3);
}
int main()
{
    float x;
    double y;
    double (*fp)(float);
    fp=fun;                    /*使 fp 指向函数 fun 的入口地址*/
    printf("input x:\n");
    scanf("%f",&x);
    y=(*fp)(x);                /*通过函数指针 fp 调用 fun 函数*/
    printf("f(x)=%.2f\n",y);
    return 0;
}
```

运行结果：

```
intput x:
3.5
f(x)=8.25
```

在实际应用中定义函数指针，并不是让它固定地指向哪一个函数，而是用来存放函数的入口地址，把哪个函数的入口地址赋值给它，它就指向哪个函数。在程序中，一个函数指针变量可以先后指向不同的函数，这样可以增加程序的灵活性。

8.6 指向指针的指针和指针数组

8.6.1 指向指针的指针

指针变量有它自己的地址，如果用一个指针变量存放另一个指针变量的地址，则称该指针变量为指向指针的指针。指向指针的指针也叫做多级指针，它可以有二级指针、三级指针等，本节主要介绍二级指针。

二级指针的定义形式：

类型说明符 **指针变量名；

例如：

int **p, * q, a=50;
q=&a, p=&q;

第一条语句中 int **p 说明 p 是一个二级指针，p 不是指向一个整数，而是指向一个整型指针。

上面的赋值语句使 p 指向 q，而 q 指向 a；由于 *p 代表存储单元 q，*q 代表存储单元 a，因此 **p 也代表存储单元 a，如图 8-12 所示。

图 8-12　二级指针

【例 8-14】　用二级指针 p 访问变量 a。观察下面程序的运行结果。
源程序

例 8-14

```
#include<stdio.h>
int main()
{
    int * * p, * q, a=50;
    q=&a, p=&q;
    printf("a=%d, * q=%d, * * p=%d\n", a, * q, * * p);    /* 变量 a 的值就是 * q 或**p 的值 */
    printf(" * p=&q=%d\n", * p);                          /**p 的值就是 q 的地址值 */
    return 0;
}
```

运行结果：

```
a=50, * q=50,**p=50
 * p=&q=7732928
```

其中，*p 得到的是 q 的地址值，不同的计算机可能得到不同的结果，因为不同的计算机、不同的操作系统存储变量的地址会有所不同。

8.6.2　指针数组

指针可以是一个变量，也可以是一个数组。如果一个数组的每个元素都是指向同类型的指针，这个数组就是指针数组，即指针数组是一个数组，数组中的每一个元素都是指针变量。

指针数组的一般定义形式：

类型说明符 * 数组名[正整型常量表达式 1]……[正整型常量表达式 n];

例如：

int *p[3],*q[3][4];

说明：p、q都是指针数组，p是一个有3个元素的一维数组，q是一个有3*4=12个元素的二维数组，p、q数组中的每个元素都是指向整型数据的指针变量。

以int *p[3]为例，[ ]的优先级比*高，因此p首先是一个数组，该数组有3个元素，然后与*结合，表示每个元素都是一个指针，每个指针指向一个整型变量。

通常用一个指针数组指向一个二维数组，指针数组的每个元素被赋予二维数组每行的起始地址。

若有

int *p[3],a[3][4];
p[0]=a[0]; p[1]=a[1]; p[2]=a[2];

则p[0]、p[1]、p[2]分别指向数组a每行的起始地址，如图8-13所示。

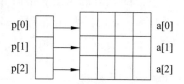

图8-13 指针数组指向二维数组

注意：指针数组的长度要与它指向的二维数组的行数一致。

如果通过指针数组p来引用a数组元素，则下列形式等价：

(1) *(p[i]+j)⇔*(a[i]+j)。
(2) *(*(p+i)+j)⇔*(*(a+i)+j)。
(3) (*(p+i))[j]⇔(*(a+i))[j]。
(4) p[i][j]⇔a[i][j]。

【例8-15】 分析下面程序的运行结果。

源程序

```
#include<stdio.h>
int main()
{
    int i;
    int a[]={1,2,3,4},b[]={1,3,5,7},c[]={2,4,6,8};
    int *p[3];
    p[0]=a;
    p[1]=b+1;
    p[2]=c+3;
    for(i=0;i<3;i++)
        printf("%d  ",*p[i]);
    return 0;
}
```

运行结果：

1 3 8

p 是有 3 个元素的指针数组,每个元素都是指向一维数组某个元素的指针,如图 8-14 所示。p[i]代表指针数组第 i 个元素,* p[i]代表指针数组第 i 个元素所指向元素的内容。

从图 8-14 可以看出,指针数组 p 将毫无关联的 3 个数组 a、b、c 联系了起来。

指针数组常用来处理多个字符串。尤其当字符串长度不等时,用指针数组处理多个字符串就显得非常方便,这时指针数组的每个元素被赋予一个字符串的起始地址,因此,使用指针数组比使用字符数组处理一组字符串更加灵活,而且节省存储空间。

例如:

```
char *ps[3]={"we","are", "students"};
```

指针数组 ps 的每个元素指向一个字符串,即数组 ps 的每个元素中存放着一个字符串的起始地址,如图 8-15 所示,此时,各字符数组之间并不占连续的存储单元,它们的联系完全依赖于指针数组 ps。

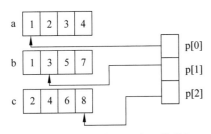

图 8-14 用指针数组指向一维数组

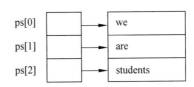

图 8-15 指针数组指向多个字符串的示意图

【例 8-16】 将 3 个字符串排序并输出。

分析:用选择法排序实现。

源程序

```c
#include<stdio.h>
#include<string.h>
int main()
{
    char *ps[3]={"we","are","students"};
    char *t;
    int i,j,k;
    for(i=0;i<2;i++)
    {
        k=i;
        for(j=i+1;j<3;j++)
            if(strcmp(ps[k],ps[j])>0)      /*用字符串比较函数比较两个字符串的大小*/
                k=j;
        if(k!=i)
        {
            t=ps[k];
            ps[k]=ps[i];
            ps[i]=t;
```

```
            }
        }
    for(i=0;i<3;i++)
        printf("%s\n",ps[i]);
    return 0;
}
```

运行结果：

```
are
students
we
```

通过运行结果可以看出：如果要对字符串排序，不必改动字符串的存储位置，只需改动指针数组中各元素的指向，即改变各元素的值（这些值是各字符串的起始地址）。

如果用字符数组存储长度不等的字符串，则必须将数组的长度至少设定为字符串中最长字符串的长度加 1，这会浪费很多空间。相反如果用指针数组中的元素分别指向各个字符串，可以方便地处理长度不等的字符串。

8.6.3　行指针

对于二维数组还可以使用指向一维数组的指针变量进行处理，即用行指针来处理。

行指针的定义形式为：

类型说明符　(*指针变量名)[长度];

注意：(*指针变量名)中括号不能省略，否则为指针数组。

如有定义：

int (*p)[4];

说明：p 是一个行指针。由于有( )，所以 p 首先与 * 结合，说明 p 是一个指针变量，它指向包含 4 个元素的一维数组，如图 8-16 所示。

例如：

int a[3][4], (*p)[4];
p=a;

p 是一个行指针，它指向包含 4 个整型元素的一维数组，行指针的长度要与二维数组的列数一致，如图 8-17 所示。

图 8-16　行指针

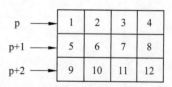

图 8-17　二维数组与行指针

由于 p 是指向一维数组的指针变量,因此 p+1,就指向二维数组的下一行,等价于 a+1 即 a[1],p+i 等价于 a+i 即 a[i]。如果通过行指针 p 来引用数组 a 的元素,则下列形式等价:

(p[i]+j)⇔(a[i]+j)⇔*(*(p+i)+j)⇔*(*(a+i)+j)⇔(*(p+i))[j]⇔(*(a+i))[j]⇔p[i][j]⇔a[i][j]

【例 8-17】 使用行指针计算 M 行 N 列矩阵某行的元素的和。
源程序

```c
#include<stdio.h>
#define M 3
#define N 4
#define K 2                        /*矩阵的第 K 行,用来求第 K 行元素的和*/
int fun(int (*q)[N]);
int main()
{
    int a[M][N],j,i;
    int (*p)[N];
    p=a;
    for(i=0;i<M;i++)
        for(j=0;j<N;j++)
            scanf("%d",&a[i][j]);
    for(i=0;i<M;i++)
    {
        for(j=0;j<N;j++)
            printf("%5d",a[i][j]);
        printf("\n");
    }
    printf("第%d 行的元素的和为: %d\n",K,fun(p));
                            /*在输出语句中调用函数 fun,行指针作为实参*/
    return 0;
}
int fun(int (*q)[N])        /*形参为行指针,与实参对应*/
{
    int sum=0,i;
    for(i=0;i<N;i++)        /*计算第 K 行的元素的和*/
        sum=sum+*(*(q+K)+i);
    return sum;
}
```

运行结果:

```
1 3 5 7 9 2 4 6 8 6 7 8
1   3   5   7
9   2   4   6
8   6   7   8
第 2 行的元素的和为:29
```

p不是指向一般整型变量的指针,而是指向包含 N 个元素的一维数组的指针。p+K 是数组第 K 行即 a[K]的地址,*(p+K)+i 是 a[K][i]的地址,*(*(p+K)+i)代表数组元素 a[K][i]的值。在程序开始的#define 语句中定义 K=2,说明要求第 2 行所有元素的和;最后的 for 循环中 i 从 0 变化到 N,说明计算 a[2][0]…a[2][3]的和。

习题

一、单项选择题

(1) 若已定义 x 为 int 类型变量,下列语句中说明指针变量 p 的正确语句是(　　)。
　　A. int p=&x;　　　B. int *p=x;　　　C. int *p=&x;　　　D. *p=*x;

(2) 若有下列定义,则对 a 数组元素的正确引用是(　　)。

　　int a[5],*p=a;

　　A. *(p+5)　　　B. *p+2　　　C. *(a+2)　　　D. *&a[5]

(3) 对于基本类型相同的两个指针变量之间,不能进行的运算是(　　)。
　　A. <　　　　　B. =　　　　　C. +　　　　　D. −

(4) 有以下程序段,则 b 中的值是(　　)。

　　int a[10]={1,2,3,4,5,6,7,8,9,10},*p=&a[3],b;
　　b=p[5];

　　A. 5　　　　　B. 6　　　　　C. 8　　　　　D. 9

(5) 以下程序的输出结果是(　　)。

```
#include<stdio.h>
int main()
{
    char *p[10]={"abc","aabdfg","dcdbe","abbd","cd"};
    printf("%d\n",strlen(p[4]));
    return 0;
}
```

　　A. 2　　　　　B. 3　　　　　C. 4　　　　　D. 5

(6) 以下程序的输出结果是(　　)。

```
#include<stdio.h>
int main()
{
    int a[]={1,2,3,4,5,6,7,8,9,0},*p;
    p=a;
    printf("%d\n",*p+9);
    return 0;
}
```

　　A. 0　　　　　B. 1　　　　　C. 10　　　　　D. 9

(7) 若有说明"int * p1,* p2,m=5,n;"以下均是正确赋值语句的选项是（　　）。
　　A. p1=&m；p2=&p1；　　　　　　B. p1=&m；p2=&n；* p1=* p2；
　　C. p1=&m；p2=p1；　　　　　　　D. p1=&m；* p1=* p2；

(8) 设"char * s="\ta\017bc";"，则指针变量 s 指向的字符串所占的字节数是（　　）。
　　A. 9　　　　　　B. 5　　　　　　C. 6　　　　　　D. 7

(9) 若有定义：int * p[3];，则以下叙述中正确的是（　　）。
　　A. 定义了一个类型为 int 的指针变量 p，该变量具有三个指针
　　B. 定义了一个指针数组 p，该数组含有 3 个元素，每个元素都是 int 型的指针
　　C. 定义了一个名为 * p 的整型数组，该数组含有 3 个 int 类型元素
　　D. 定义了一个可指向一维数组的指针变量 p，所指一维数组应具有三个 int 型元素

(10) 以下程序的输出结果是（　　）。

```
#include<stdio.h>
void fun(int * p)
{
    printf("%d\n",p[6]);
}
int main()
{
    int a[10]={11,22,32,44,55,66,77,88,99,10};
    fun(&a[1]);
    return 0;
}
```

　　A. 55　　　　　　B. 66　　　　　　C. 88　　　　　　D. 99

二、阅读程序题

(1) 以下程序的输出结果是_____。

```
#include<stdio.h>
void ss(char * s,char t)
{
    while(* s)
    {
        if(* s==t) * s=t-'a'+'A';
        s++;
    }
}
int main()
{
    char str1[100]="abcddfefdbd", c='d';
    ss(str1,c);
    printf("%s\n",str1);
    return 0;
}
```

(2) 以下程序的输出结果是_____。

```c
#include<stdio.h>
sub(int x,int y,int * z)
{
    * z=y-x;
}
int main()
{
    int a,b,c;
    sub(10,5,&a);
    sub(7,a,&b);
    sub(a,b,&c);
    printf("%4d,%4d,%4d\n",a,b,c);
    return 0;
}
```

(3) 以下程序的输出结果是_____。

```c
#include<stdio.h>
void f(int * p,int * q);
int main()
{
    int m=1,n=2,* r=&m;
    f(r,&n);
    printf("%d,%d",m,n);
    return 0;
}
void f(int * p,int * q)
{
    p=p+1;
    * q= * q+1;
}
```

(4) 以下程序的输出结果是_____。

```c
#include<stdio.h>
int main()
{
    int k=2,m=4,n=6;
    int * pk=&k, * pm=&m, * p;
    * (p=&n)= * pk * ( * pm);
    printf("%d\n",n);
    return 0;
}
```

(5) 以下程序的输出结果是_____。

```c
#include<stdio.h>
int main()
{
    int **k, * a, b=100;
    a=&b; k=&a;
    printf("%d\n", * * k);
    return 0;
}
```

三、程序填空题

以下程序的功能是把字符串中所有的字母改写成该字母的下一个字母,最后一个字母 z 改写成字母 a。大字母仍为大写字母,小写字母仍为小写字母,其他的字符不变。例如:原有的字符串为:"Mn.123xyZ",调用该函数后,字符串中的内容为:"No.123yzA",请填空。

```c
#include<stdio.h>
#include<string.h>
#define N 81
int main()
{
    char a[N], * s;
    printf ( "Enter a string : " );
    gets ( a );
/***********SPACE***********/
    【1】 ;
    while( * s)
    {
        if( * s=='z')
            * s='a';
        else if( * s=='Z')
            * s='A';
        else if(isalpha( * s))
/***********SPACE***********/
            【2】 ;
/***********SPACE***********/
        【3】 ;
    }
    printf ( "The string after modified: ");
    puts (a);
    return 0;
}
```

四、程序设计题

（1）输入一个字符串，统计其中字母（不区分大小写）、数字和其他字符的个数。

（2）"回文"是顺读和反读相同的字符串。例如"4224""abba"等。试编写程序，判断字符串是否是回文。

（3）编写一个函数 void fun(int *a,int n,int *odd,int *even)，函数的功能是分别求出数组 a 中所有奇数之和和偶数之和。形参 n 给出数组中数据的个数，利用 odd 返回奇数之和，even 返回偶数之和。

（4）编写函数 void fun(int *p,int n)，将 main 函数中输入的一组整型数据逆序存放。

第9章 结构体和共用体

前面讲过的数组是由多个同类型的数据所组成,它对于组织和处理大批量的同类型数据是非常灵活方便的。但在程序设计中,经常需要处理由多个不同数据类型的数据组成的实体信息,如:学生信息(由学号、姓名、年龄、课程成绩、班级等数据组成)、图书信息(由图书编号、图书名称、作者、出版社、价格等数据组成)。为了方便处理这类数据,C语言提供了一种能集中不同类型的数据于一体的数据类型,称为结构体类型。

结构体类型和数组一样,也是一种构造数据类型(由若干分量组成),它和数组的区别是:数组中所有数组元素(分量)的类型是相同的,而结构体中各分量(称为结构体的成员)的数据类型可以不同。

结构体类型的引入为处理复杂的数据结构提供了有力手段,并为函数间传递复杂的数据提供了极大的方便,被广泛应用于现代的大型信息管理系统中。

9.1 结构体类型的定义

结构体是由若干个不同数据类型的数据构造而成,它包含多个成员。结构体类型包含的成员根据用户需要而设定,所以,结构体不唯一,不可能像基本数据类型 int、float、char 那样用一个关键字描述,需要由用户自己定义结构体名、成员名及数据类型。

在使用结构体进行数据处理前,首先应对组成结构体的各个成员进行描述,这种描述称为结构体类型的定义。

结构体类型定义的一般形式如下:

```
struct   结构体名
{
    数据类型   成员名1;
    数据类型   成员名2;
    …
    数据类型   成员名n;
};
```

例如:

```
struct student            /*定义学生结构体*/
{
```

```
    char no[11];              /*学号,有的学号以 0 开头,最好用字符串存储*/
    char name[10];            /*姓名*/
    float score[5];           /*5 门课成绩*/
    float ave;                /*平均分*/
};
```

以上定义了一个结构体类型 struct student,它包含 4 个成员:学号、姓名、5 门课成绩、平均分。

定义结构体类型时需注意以下几点:

(1) struct 是关键字,表示定义结构体类型;

(2) 结构体名是该结构体类型的标识,其命名规则与变量名相同;

(3) 大括号内是结构体成员,每个成员的数据类型可以是基本数据类型,也可以是数组、指针等数据类型;

(4) 结构体类型可以嵌套定义,即结构体成员的数据类型也可以是结构体类型。如:在上述学生信息中增加一个成员:出生日期,则每位学生的信息如表 9-1 所示。

表 9-1 学生信息

学号	姓名	出生日期			5 门课成绩	平均分
		年	月	日		

成员"出生日期"又是一个构造类型,要定义表 9-1 所示的学生结构体需首先定义日期结构体:

```
struct date                   /*日期*/
{
    int year;                 /*年*/
    int month;                /*月*/
    int day;                  /*日*/
};
```

后定义学生结构体,成员 birthday 被说明为 struct date 结构体类型。

```
struct student_date           /*包含出生日期的学生结构体定义*/
{
    char no[11];
    char name[10];
    struct date birthday;     /*出生日期*/
    float score[5];
    float ave;
};
```

9.2 结构体变量的定义和使用

用户自定义结构体类型后,就可以使用这种数据类型进行各种数据处理了。

9.2.1 结构体变量的定义

结构体变量和其他类型的变量一样，必须先定义后使用。结构体变量的定义有以下 3 种形式：

(1) 先定义结构体类型，再定义结构体变量。

定义结构体变量的一般形式为：

struct 结构体名 变量名列表；

例如：在 9.1 节"结构体类型的定义"已定义了结构体类型 struct student，可以用它来定义结构体变量：

```
struct student s1, s2;
```

这条语句定义了两个结构体变量 s1 和 s2，类型为 struct student。

这种定义形式的特点是：把定义结构体类型和定义结构体变量分开了，这样在结构体类型定义之后的任何位置都可以定义结构体变量。

(2) 定义结构体类型的同时定义结构体类型变量。

例如：

```
struct student
{
    char no[11];
    char name[10];
    float score[5];
    float ave;
} s1, s2;
```

在定义结构体类型 student 的同时定义了两个结构体变量 s1 和 s2。

这种定义形式的特点是：结构体类型和变量的定义同时完成，书写更加方便，和第一种形式效果一致。

(3) 不出现结构体名，直接定义结构体变量。

例如：

```
struct
{
    char no[11];
    char name[10];
    float score[5];
    float ave;
} s1, s2;
```

这种定义形式的特点是：不能在别的地方再定义这种结构体类型的变量。

一般情况下，第一种和第二种定义形式较常用，而第三种定义形式不常用。

定义结构体变量后，系统为它们分配内存单元。系统为结构体变量分配的内存单元是连续的，一个结构体变量所占的存储空间大小是该结构体各成员所占的存储空间之和，可以用sizeof计算其所需存储空间,如 sizeof(struct student)或 sizeof(s1)。sizeof 的运算对象可以是结构体类型,也可以是结构体变量名,计算结果以字节为单位。

例如:

```
sizeof(struct student)=11+10+4*5+4=45
sizeof(struct student_date)=11+10+(4+4+4)+4*5+4=57
```

9.2.2 结构体变量的引用

定义了结构体变量后,就可以使用它了。结构体变量是一种构造数据类型,它由多个成员组成,所以对结构体变量的引用可以分为对结构体变量的整体引用和对结构体变量成员的引用。

1. 结构体变量的整体引用

结构体变量可以整体赋值,如:

```
struct student s1,s2;
s1=s2;
```

系统自动将变量 s2 中所有成员的值一一赋值给变量 s1 的对应成员。

注意:在赋值时两个结构体变量的类型必须完全一致。

除了在赋值时可以整体引用结构体变量外,其他场合不能整体引用,如不能将一个结构体变量作为一个整体进行输入输出。

2. 结构体变量成员的引用

结构体变量主要通过引用它的各个成员来使用。

引用结构体变量成员的一般形式为:

结构体变量名.成员名

如:s1.num,s1.ave 等。

运算符"."为成员运算符,它在所有的运算符中优先级最高,因此可以把 s1.num、s1.ave 等作为一个整体来看待。

对结构体变量的成员可以像普通变量一样进行各种运算,如何使用取决于成员的数据类型。

例 9-1

【**例 9-1**】 输入某个学生的信息(包括学号、姓名、5 门课成绩),计算平均成绩并输出。

源程序

```
#include<stdio.h>
struct student
{
    char no[11];
    char name[10];
    float score[5];
```

```
        float ave;
    };
    int main()
    {
        int j;
        float sum=0;
        struct student s1;                    /*定义结构体变量 s1*/
        gets(s1.no);                          /*输入学号*/
        gets(s1.name);                        /*输入姓名*/
        for(j=0;j<5;j++)                      /*输入 5 门课成绩*/
        {
            scanf("%f",&s1.score[j]);
            sum+=s1.score[j];                 /*计算总和*/
        }
        s1.ave=sum/5;                         /*计算平均分*/
        printf("学生信息为:\n");
        printf(" 学号 姓名 第 1 门课 第 2 门课 第 3 门课 第 4 门课 第 5 门课 平均分\n");
        printf("%10s %-10s",s1.no,s1.name);
        for(j=0;j<5;j++)
            printf("%8.1f",s1.score[j]);
        printf("%8.1f\n",s1.ave);
        return 0;
    }
```

运行结果：

```
2002100736↙
李建城↙
90 85 78 80 98↙
学生信息为:
    学号        姓名    第1门课  第2门课  第3门课  第4门课  第5门课  平均分
2002100736   李建城      90.0     85.0     78.0     80.0     98.0     86.2
```

在结构体 struct student 中成员 no 和 name 是字符数组，所以使用 gets 函数输入，而 5 门课成绩用循环语句分别输入，使用 scanf 函数和格式符%f；在表达式 &s1.score[j]中有三个运算符"&"、"."和"[]"，根据运算符的优先级，"."和"[]"优先级相同且高于"&"，所以表达式 &s1.score[j]与 &(s1.score[j])完全等价。

3. 嵌套结构体中成员的引用

如果成员本身又是另一个结构体变量，则需用多个成员运算符一级一级地找到最低的一级成员，只能对最低级的成员进行引用和运算。

例如 9.1 节"结构体类型的定义"定义的结构体类型 student_date，使用它定义一个结构体变量 s：

```
struct student_date s;
```

若对 s 变量的成员 birthday 赋值,必须分别对 birthday 的各个成员赋值:

```
s.birthday.year=2002;
s.birthday.month=9;
s,birthday.day=29;
```

9.2.3 结构体变量的初始化

结构体变量在定义的同时可以对它进行初始化。其一般形式为:

struct 结构体名 变量名={初始值列表};

例如:

struct student st={"2002100736","李建城",{87.5,67.9,98,78.7,87.9},0};

结构体变量 st 各成员的初值如表 9-2 所示。

表 9-2 结构体变量 st 的初值

no	name	score					平均分
		score[0]	score[1]	score[2]	score[3]	score[4]	
2002100736	李建城	87.5	67.9	98	78.7	87.9	0

当初始化结构体变量时,内层{}可以省略。如上述变量 st 的初始化可改为:

struct student st={"2002100736","李建城",87.5,67.9,98,78.7,87.9,0};

在对结构体变量初始化时,应注意以下几点:

(1) 初始值列表各值之间用逗号隔开,将{}内的数据项按顺序对应地赋给结构体变量的各个成员,且要求数据类型一致;

(2) 整个结构体变量可以全部初始化,也可以部分初始化,初始化数据的个数小于等于结构体成员的个数,未初始化的成员初值为默认值,即字符类型默认为'\0',数值型默认为 0,指针类型默认为 NULL。例如:

struct student st={"2002100736","李建城", 87.5,67.9,98,78.7,87.9};

结构体成员 ave 未初始化,初值为 0,和上面例子中结构体变量 st 的初值一致。

【例 9-2】 初始化一个学生的信息,赋值给另一个变量并输出。

源程序

```
#include<stdio.h>
struct date
{
    int year;
    int month;
    int day;
};
```

```c
struct student_date
{
    char no[11];
    char name[10];
    struct date birthday;
    float score[5];
    float ave;
}stu1,stu2={"2020100740","张浩",2002,10,13,87.6,94,87.5,88,93,0};
int main()
{
    int j;
    float sum=0;
    stu1=stu2;                    /*结构体变量整体赋值*/
    for(j=0;j<5;j++)
        sum+=stu1.score[j];
    stu1.ave=sum/5;               /*计算平均分*/
    printf("  学号      姓名     出生年  月  日  第1门课  第2门课  第3门课  第4门课  第5门课  平均分\n");
    printf("%-10s %-10s",stu1.no,stu1.name);
    printf("%d %d %d",stu1.birthday.year,stu1.birthday.month,stu1.birthday.day);
    for(j=0;j<5;j++)
        printf("%8.1f",stu1.score[j]);
    printf("%8.1f\n",stu1.ave);
    return 0;
}
```

运行结果：

学号	姓名	出生年	月	日	第1门课	第2门课	第3门课	第4门课	第5门课	平均分
2020100740	张浩	2002	10	13	87.6	94.0	87.5	88.0	93.0	90.0

9.3 结构体数组

前面定义的 struct student s1 变量，只能存储一个学生的信息，假如要对全班学生的信息进行处理，就需要用到结构体数组了。在实际应用中，经常用结构体数组来表示具有相同数据结构的一个群体。如一个班的学生信息、职工的工资表、图书馆的图书信息等。

与前面介绍的数组一样，结构体数组也是由多个相同类型的数组元素所组成，不同的是结构体数组元素的类型为已定义过的结构体类型，每一个数组元素都是结构体变量，使用时要引用结构体数组元素的成员。

9.3.1 结构体数组的定义及初始化

1. 结构体数组定义

结构体数组的定义方法和结构体变量相似，只需说明它为数组类型即可。

例如：先定义结构体类型：

```
struct student2
{
    int num;
    char name[20];
    char sex;
    int age;
};
```

再定义结构体数组：

```
struct student2 st[30];
```

st 为一个包含 30 个元素的数组，其中每个数组元素均是 struct student2 类型。和其他类型的数组一样，在编译程序时系统为它分配连续的内存单元，各数组元素在内存中依次存放，如图 9-1 所示。

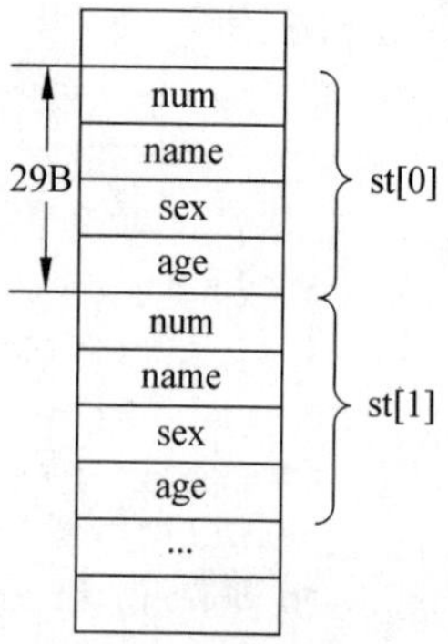

结构体数组定义的一般格式为：

```
struct 结构体名 数组名[整型常量表达式];
```

图 9-1 结构体数组 st 的内存存储

2. 结构体数组的初始化

结构体数组和普通数组一样可以初始化，初始化表中的数据与数组元素的各成员一一对应，其中每一个数组元素放在一对{}内。

例如：

```
struct student s[3]={{"2020030101","李晓阳",98,86,78,67,98},
                     {"20200102","张金花",89,96,68,57,78},
                     {"20200103","高扬",79,86,98,87,75.5}};
```

当初始化整个数组的各个元素时，内层大括号也可以省略。
例如：

```
struct student s[3]={"2020030101","李晓阳",98,86,78,67,98,
                     "2020030102","张金花",89,96,68,57,78,
                     "2020030103","高扬",79,86,98,87,75.5};
```

与数组的初始化相同，如果全部数组元素均已在初始化表中列出，或各元素的初始化都放在{}内，结构体数组元素个数可不指定，编译时系统会根据所给出的初值来确定元素的个数。

例如：

```
struct student1 s[]={{…},{…},…,{…}};
```

9.3.2 结构体数组应用举例

【例 9-3】 假设一个班有 30 名学生,学生成绩登记表中除学号、姓名外还有 5 门课成绩,计算每个学生平均分、按平均分从高到低排序并输出每个学生的所有信息。

例 9-3

分析:由于题目的要求较多,所以采用模块化编程,题目解题步骤如下。
(1) 设计相应的结构体类型,定义结构体数组。
(2) 计算每个学生的平均分。
(3) 按平均分排序。
(4) 输出所有信息。
(5) 定义 main 函数,调用实现上述功能的各函数。
具体实现步骤如下:
(1) 包含头文件和定义符号常量。在实现各个功能时,不需要特殊的函数调用,所以头文件只需要包含 stdio.h;为了使程序具有通用性,定义符号常量 N 代表学生的人数,M 代表课程的门数。

```
#include<stdio.h>                    /*常用的标准输入输出函数头文件*/
#define N 30                         /*学生人数*/
#define M 5                          /*课程门数*/
```

(2) 定义结构体类型。

```
struct student                       /*学生结构体定义*/
{
    char no[11];                     /*学号,最多为 10 位*/
    char name[20];                   /*姓名*/
    float score[M];                  /*存储五门课成绩*/
    float ave;                       /*每个学生的平均分*/
};
```

(3) 输入学生信息。

```
void input(struct student stu[],int n)    /*输入学生信息*/
{
    int i,j;
    for(i=0;i<n;i++)
    {
        printf("请输入第%d 学生的学号:",i+1);
        gets(stu[i].no);
        printf("姓名:");
        gets(stu[i].name);
        for(j=0;j<M;j++)
        {
            printf("第%d 成绩:",j+1);
            scanf("%f",&stu[i].score[j]);
        }
```

```
            getchar();                          /*吃掉回车符*/
        }
    }
```

(4) 计算每个学生的平均分。

```
void statistics (struct student stu[],int n)    /*计算每个学生的平均分*/
{
    int i,j;
    float sum;
    for(i=0;i<n;i++)
    {
        sum=0;
        for(j=0;j<M;j++)
            sum+=stu[i].score[j];
        stu[i].ave=sum/M;
    }
}
```

(5) 按平均分从高到低排序。

```
void sort (struct student stu[],int n)    /*按平均成绩从高到低排序,使用冒泡法*/
{
    int i,j;
    struct student temp;
    for(i=0;i<n;i++)
    {
        for(j=0;j<n-i-1;j++)
            if(stu[j].ave<stu[j+1].ave)
            {
                temp=stu[j];
                stu[j]=stu[j+1];
                stu[j+1]=temp;
            }
    }
}
```

(6) 输出全部学生信息。

```
void output(struct student stu[],int n)    /*输出全部学生数据*/
{
    int i,j;
    printf("学号      姓名      ");
    for(j=0;j<M;j++)
        printf("第%d门课   ",j+1);
    printf("平均分\n");
    printf("========================================\n");
    for(i=0;i<n;i++)
```

```
        {
            printf("%-10s%-10s",stu[i].no,stu[i].name);
            for(j=0;j<M;j++)
                printf("%-9.1f",stu[i].score[j]);
            printf("%-9.1f",stu[i].ave);
            printf("\n");
        }
}
```

(7) main 函数。

```
int main()
{
    struct student stu[N];           /*所有学生的成绩登记表用一个结构体数组来存储*/
    printf("欢迎使用本系统!!!\n");
    input(stu,N);
    statistics(stu,N);
    printf("排序前的学生成绩为：\n");
    output(stu,N);
    sort (stu,N);
    printf("排序后的学生成绩为：\n");
    output(stu,N);
    return 0;
}
```

在上例中的 4 个函数均使用结构体数组作函数参数，和普通数组一样，数组作为函数的参数，其本质是把数组的首地址传给形参，使形参数组与实参数组共用同一段存储空间。因此在被调用函数中对形参数组的访问，实质上就是对主调函数中实参数组的访问。

提示：结构体数组作为函数参数传递时，实参数组和形参数组必须具有相同的结构体类型。

9.4 结构体指针

指针变量非常灵活方便，可以指向任意类型的变量。当指针变量用来指向结构体数据时，我们把它称为结构体指针变量，本书中简称结构体指针。结构体指针中的值是所指向的结构体变量首地址。

9.4.1 指向结构体变量的指针

结构体指针变量定义的一般形式为：

```
struct 结构体名  *指针变量名；
```

定义了结构体指针并让它指向某一结构体变量后，就可以用结构体指针来间接存取对应的结构体变量了。如：

```
struct student s={"2020010210","wanghao",{87,98,78,89,95},0}, * p;
p=&s;
```

那么,引用结构体变量 s 的成员有以下三种方法:

(1) s.成员名。

(2) (* p).成员名。

(3) p->成员名。

(* p).成员名中由于运算符"."优先于" * "运算符, * p 两侧的小括号不可省略。第二种和第三种方法是等价的,但第三种方法更直观。在本书后面的程序中结构体指针成员的表示均使用第三种方法。

与前面讨论的各种类型的指针变量相同,结构体指针也必须要先赋值后才能使用。赋值语句"p=&s;"是把结构体变量 s 的首地址赋予指针 p。有了结构体指针,就能更方便地访问结构体变量的各个成员了。

9.4.2　指向结构体数组的指针

结构体数组是结构体和数组的结合体,与普通数组的不同之处仅在于数组元素的类型为结构体类型。和普通数组一样,对于结构体数组,同样也可以用结构体指针指向一个结构体数组,这时结构体指针的值是整个结构体数组的首地址;结构体指针也可指向结构体数组的某个元素,这时结构体指针的值是该结构体数组元素的首地址。设 p 为指向结构体数组的指针,则 p 实际指向该结构体数组的第 0 个元素,p+1 指向第 1 个元素,p+i 则指向第 i 个元素。这与普通数组的情况是一致的。

【例 9-4】　已知学生的记录由学号和学习成绩构成,N 名学生的数据已存入结构体数组 a 中。找出成绩最高的学生记录并输出。

源程序

```c
#define N 5
struct ss                          /* 定义结构体 */
{
    char num[10];
    int score;
};
struct ss fun(struct ss a[], int n)
{
    int i;
    struct ss x, * p;
    x= * a;
    for(p=a;p<a+n;p++)             /* 找出成绩最高的学生记录 */
        if(x.score<p->score)
            x= * p;
    return x;
}
int main()
```

```
{
    struct ss a[N]={{"A01",81},{"A02",89},{"A03",66},{"A04",87},{"A05",77}},m;
    int i;
    printf("*****The original data*****\n");
    for(i=0;i<N;i++)
        printf("No=%s Mark=%d\n", a[i].num,a[i].score);
    m=fun(a,N);
    printf("*****THE RESULT*****\n");
    printf("The top :%s, %d\n",m.num,m.score);
}
```

运行结果：

```
*****The original data*****
No=A01 Mark=81
No=A02 Mark=89
No=A03 Mark=66
No=A04 Mark=87
No=A05 Mark=77
The top :A02, 89
```

9.4.3　结构体指针作为函数参数

用结构体指针作函数参数进行传送，由实参传向形参的只是地址，减少了程序在时间和空间上的开销。

【例 9-5】　改写例 9-3 的 output 函数，用结构体指针输出学生的所有信息。

源程序

```
void output(struct student * stu,int n)         /*输出全部学生数据*/
{
    int j;
    struct student * p;
    printf("学号        姓名       ");
    for(j=0;j<M;j++)
        printf("第%d门课    ",j+1);
    printf("平均分\n");
    printf("===================================================\n");
    for(p=stu;p<stu+n;p++)
    {
        printf("%-10s%-10s",p->no, p->name);
        for(j=0;j<M;j++)
            printf("%-9.1f", p->score[j]);
        printf("%-9.1f\n", p->ave);
    }
}
```

9.5 共用体类型

9.5.1 共用体的概念

在 C 语言中,允许不同类型的数据使用同一段内存,即让不同类型的变量存放在起始地址相同的内存中,虽然它们占的字节数可能不同,但起始地址相同。共用体也是一种构造类型的数据结构,采用了覆盖存储的技术,允许不同类型数据互相覆盖,共享同一段内存。共用体也称为联合(union)。

共用体的类型定义、变量定义及引用方式与结构体相似,但它们有着本质的区别:结构体变量的各成员占用连续的不同存储空间,而共用体变量的各成员占用同一个存储空间,这样可以节省内存。

如共用体定义:

```
union data
{
  char ch;
  short i;
  float f;
};
```

上述定义的 union data 的存储结构如图 9-2 所示。

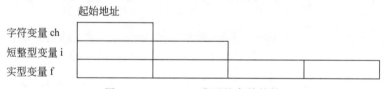

图 9-2 union data 类型的存储结构

9.5.2 共用体类型定义和变量定义

1. 共用体类型定义

声明一个共用体类型的一般形式为:

```
union 共用体名
{
    成员列表;
};
```

例如一个学生成绩,通常可采用两种表示方法:一种是五级制(优、良、中、及格、不及格),采用的是字符串;另一种是百分制,采用的是浮点数,则可以定义成绩的类型为共用体。

```
union score
```

```
{
  char sscore[7];
  float fscore;
};
```

2. 共用体变量的定义

共用体类型定义后就可定义该类型的变量,共用体变量的定义和结构体变量的定义一样,有三种形式,现只介绍一种常用形式:

union 共用体名 变量名表;

例如:

union score s1,s2,s3;

上述语句定义了共用体类型为 union score 的三个变量,变量名分别为 s1、s2、s3。

3. 共用体变量的引用

定义了共用体变量之后,可以引用共用体变量中的成员。引用方式为:

共用体变量名.成员

例如:

s1.fscore s2.sscore

与结构体变量不同,共用体变量只允许对第一个成员初始化赋值,其他成员赋值只能在程序中进行。每次只能赋予一个成员值,下一次为某成员赋值会覆盖上一次的值,即一个共用体变量的值就是共用体成员的某一个成员值。

共用体数据类型的特点如下:

(1) 结构体和共用体有很多的相似之处,它们都由成员组成。成员可以具有不同的数据类型,成员的表示方法相同。

(2) 共用体与结构体变量的内存分配不同,在结构体变量中,每个成员占有自己的存储空间,所有成员占用存储空间之和为结构体变量的数据长度。而共用体变量所占的数据长度等于最长成员的长度。在共用体中,所有成员不能同时占用它的存储空间,在任何时刻,共用体只存放一个成员的值。

(3) 共用体变量的地址和它的各成员的地址是同一地址。

(4) 结构体中可用共用体作为成员,形成结构体和共用体的嵌套,反之亦然。

(5) 共用体变量中起作用的成员是最后一次存放的成员,最后一次的新值会覆盖旧值。

【例 9-6】 设有若干人员的数据,其中有学生和教师。学生的数据包括:编号、姓名、性别、职业、班级。教师的数据包括:编号、姓名、性别、职业、职务。要求输入人员的数据并在屏幕上显示输出。

说明:读入的职业信息为 s,表示为学生;读入的职业信息为 t,表示教师。

源程序

```c
#include<stdio.h>
struct person
{   int num;
    char name[10];
    char sex;
    char job;              /*标识人员类型,当job='s'时,表示学生;当job='t'时,表示教师*/
    union
    { int classid;
      char position[10];
    }category;
}p[2];
int main()
{
    int i;
    for(i=0;i<2;i++)
    {
        scanf("%d %s %c %c",&p[i].num,&p[i].name,&p[i].sex,&p[i].job);
        if(p[i].job=='s')
            scanf("%d",&p[i].category.classid);
        else if(p[i].job=='t')
            scanf("%s",p[i].category.position);
        else
            printf("Input error!");
    }
    printf("\nNo.\tName\tSex\tJob\tClass/Position\n");
    for(i=0;i<2;i++)
    {
      if (p[i].job=='s')
printf("%d\t%s\t%c\t%c\t%d\t\n",p[i].num,p[i].name,p[i].sex,p[i].job,p[i].category.classid);
        else
printf("%d\t%s\t%c\t%c\t%s\t\n",p[i].num,p[i].name,p[i].sex,p[i].job,p[i].category.position);
    }
    return 0;
}
```

运行结果：

```
101 李昊 F   s   1↙
102 张江 M   t 院长↙
No.     Name    Sex     Job     Class/Position
101     李昊     F       s       1
102     张江     M       t       院长
```

9.6 用 typedef 自定义数据类型

关键字 typedef 用于给数据类型起一个别名,这里的数据类型包括基本数据类型(int,char 等)和构造数据类型(struct 等)。

1. typedef 语句定义类型的一般形式

typedef 原类型标识符 新类型标识符;

例如:

```
typedef int INTEGER;
typedef struct student STUDENT;
INTEGER i;
STUDENT s1, * p;
```

也可以定义数组类型:

```
typedef int SCORE[30];      /* 声明 SCORE 为整型数组类型 */
SCORE n;                    /* 定义 n 为整型数组变量 */
```

上述两条语句等价于

```
int n[30];
```

2. 定义一个新的类型名的方法

(1) 先按定义变量的方法写出定义变量的语句(如:"struct student s1;")。
(2) 将变量名换成新类型名(如:将 s1 换成 STUDENT)。
(3) 在最前面加 typedef(如:typedef struct student STUDENT)。
以后就可以用新类型名去定义变量了。
习惯上常把用 typedef 声明的类型名用大写字母表示,以便与已有的数据类型标识符相区别。

说明:

(1) 用 typedef 可以定义各种类型名,但不能用来定义变量。
(2) typedef 语句仅给已有的数据类型名重新起一个别名,并不产生新的数据类型,原有的类型名仍然可用。
在编程中使用 typedef 目的一般有两个,一个是给类型一个易记且意义明确的新名字,另一个是简化一些比较复杂的类型声明。

习题

一、单项选择题

(1) 设有以下说明语句:

```
struct ex
{ int x; float y;char   z; } example;
```

则下面的叙述中不正确的是(   )。

    A. struct 是结构体类型的关键字   B. example 是结构体名

    C. x,y,z 都是结构体成员名   D. struct ex 是结构体类型

(2) 下面结构体的定义语句中,错误的是(   )。

    A. struct ord {int x; int y; int z;}; struct ord a;

    B. struct ord {int x; int y; int z;} struct ord a;

    C. struct ord {int x; int y; int z;}a;

    D. struct {int x; int y; int z;} a;

(3) 有以下程序:

```
int main()
{
    struct STU { char name[9]; char sex; double score[2]; };
    struct STU a={"Zhao",'m',85.0,90.0}, b={"Qian",'f',95.0,92.0};
    b=a;
    printf("%s,%c,%2.0f,%2.0f\n",b.name,b.sex,b.score[0],b.score[1]);
    return 0;
}
```

程序的运行结果是(   )。

    A. Qian,f,95,92   B. Qian,m,85,90   C. Zhao,f,95,92   D. Zhao,m,85,90

(4) 若有如下定义:

```
struct data
{
    char ch;
    double f;
}b;
```

则结构体变量 b 占用内存的字节数是(   )。

    A. 1   B. 4   C. 8   D. 9

(5) 根据下面的定义,能打印出字母 M 的语句是(   )。

```
struct person
{
    char name[9];
    int age;
};
struct person chass[10]={"John",17,"Paul",19,"Mary",18,"adam",16};
```

    A. printf("%c\n",class[3].name);

    B. printf("%c\n",class[3].name[1]);

    C. printf("%c\n",class[2].name[1]);

D. printf("%c\n",class[2].name[0]);

(6) 有以下程序：

```
int main()
{
    struct complex
    {
        int x;
        int y;
    }cnum[2]={1,3,2,7};
    printf("%d\n",cnum[0].y/cnum[0].x*cnum[1].x);
    return 0;
}
```

程序的运行结果是（   ）。

A. 0　　　　　　　　B. 1　　　　　　　C. 3　　　　　　　D. 6

(7) 若有如下结构体说明：

```
struct STRU
{
    int a,b; char c; double d;
    struct STRU * p1,* p2;
};
```

以下选项中，能定义结构体数组是（   ）。

A. struct STRU t[20];　　　　　　B. STRU t[20];
C. struct STRU[20];　　　　　　　D. struct STRU t;

(8) 变量 a 所占的字节数是（   ）。

```
union U
{   char st[4];
    double d;
    long x;
}a;
```

A. 4　　　　　　　　B. 10　　　　　　　C. 6　　　　　　　D. 8

(9) 设有以下语句：

```
typedef struct S
{
    int g; char h;
} T;
```

则下面叙述中正确的是（   ）。

A. 可用 S 定义结构体变量　　　　B. 可用 T 定义结构体变量
C. S 是结构体类型的变量　　　　　D. T 是 struct S 类型的变量

二、阅读程序题

(1) 以下程序的输出结果是_____。

```c
#include<stdio.h>
#include<string.h>
struct A
{
    int a;
    char b[10];
    double c;
};
void f(struct A t);
int main()
{
    struct A a={1001,"ZhangDa",1098.0};
    f(a);
    printf("%d,%s,%6.1f\n",a.a,a.b,a.c);
    return 0;
}
void f(struct A t)
{
    t.a=1002;
    strcpy(t.b,"ChangRong");
    t.c=1202.0;
}
```

(2) 以下程序的输出结果是_____。

```c
#include<stdio.h>
struct STU
{
    char num[10];
    float score[3];
};
int main()
{
    struct STU s[3]={{"20021",90,95,85},{"20022",95,80,75},
                    {"20023",100,95,90}},*p=s;
    int i; float sum=0;
    for(i=0;i<3;i++)
        sum=sum+p->score[i];
    printf("%6.2f\n",sum);
    return 0;
}
```

三、程序设计题

(1) 输入一个正整数 repeat，做 repeat 次下列运算：

输入一个日期(年、月、日)，计算并输出这一天是该年中的第几天。

要求定义并调用函数 day_of_year(p) 计算某日是该年的第几天，函数形参 p 的类型是结构体指针，指向一个日期的结构体变量，注意区分闰年。

```
#include<stdio.h>
struct date
{
    int year;
    int month;
    int day;
};
int day_of_year(struct date * p);        /*函数声明*/
int main()
{
    int yearday;
    int repeat,i;
    struct date date;
    scanf("%d", &repeat);
    for(i=1; i<=repeat; i++)
    {
        scanf("%d%d%d", &date.year, &date.month, &date.day);
        yearday=day_of_year(&date);
        printf("%d\n", yearday);
    }
}
int day_of_year(struct date * p)
{
    /**********Program**********/
    
    /********** End **********/
}
```

(2) 有以下结构体定义：

```
typedef struct worker
{
    int id;
    char name[20];
    int age;
}worker;
```

写一个函数，找出一批工人中年龄最大的工人姓名，函数声明如下：

```
int searchworker(worker * w, int n ,char * name);
```

参数 w 是这批工人数据的起始地址,这批数据是连续存放的,n 是工人的数目,如果查到了年龄最大的工人,则把他的姓名存在参数 name 中,并返回 1。在 n<=0(表示没有工人)时,函数返回 0。

```c
#include<stdio.h>
#include<string.h>
typedef struct worker
{
    int id;
    char name[20];
    int age;
}worker;
int searchworker(worker * w, int n, char * name)
{
  /**********Program**********/


  /**********  End  **********/
}
int main()
{
    int i,n;
    char pname[20];
    worker p[100];
    scanf("%d",&n);
    for(i=0;i<n;i++)
        scanf("%d %s %d",&(p[i].id), p[i].name, &(p[i].age));
    if(searchworker(p,n,pname)==0)
        printf("error!");
    else
        printf("name=%s\n",pname);
    return 0;
}
```

第10章 文　件

程序运行时变量主要通过 scanf 函数或赋值语句来初始化,程序的运行结果也直接显示在屏幕上。当程序运行结束后,输入的数据和运行结果会全部消失。若需要保存程序中的处理数据和运行结果,需要把这些数据存储起来。另外,在开发实际应用程序时,通常需要输入大量外部数据,仅靠键盘输入显然是不够的。通过文件操作,可以更好地访问和存储数据,处理上述问题。

在程序中使用数据文件的目的:

(1) 数据文件的改动不引起程序的改动,可实现程序与数据分离。

(2) 不同程序可以访问同一数据文件中的数据,可实现数据共享。

(3) 能长期保存程序运行的中间数据或结果数据,可实现一次输入多次使用和运行结果随时查看。

10.1 文件概述

10.1.1 文件的概念

文件一般是指存储在外部介质(如磁盘等)上的有序数据集合。在程序设计过程中,主要会使用到两种文件:

(1) 程序文件。例如源文件(扩展名为.c)、目标程序文件(后缀为.obj)、可执行程序文件(后缀为.exe)、头文件(扩展名为.h)等。

(2) 数据文件。例如扩展名为.txt 或.dat 的文件。文件的内容是程序运行时需要输入的原始数据,或者是程序运行后输出的计算结果。

C 语言在处理文件时,无论文件中的内容是什么,统一将其视为字节流,即文件是由一个一个字节的数据流顺序组成。C 程序对文件以字节为单位进行存取处理,输入输出的字节流仅受程序控制而不受物理符号(如回车换行符)的控制。

10.1.2 文件的分类

从数据组织形式的角度来看,C 语言文件可分为二进制文件和文本文件(又称为 ASCII 码文件)两种。数据的组织形式即数据在文件内的存储形式。

两种文件的区别在于存储数值型数据的方式不同。二进制文件中,数值型数据是以二进制形式存储的,因此,二进制文件占用内存少、存取速度快。例如,C 程序的目标程序文件和可执行程序文件是二进制文件。文本文件中,数值型数据是以字符的 ASCII 码值进行存储的,即每一个字节存放一个字符的 ASCII 码值,输出时字节与字符一一对应。因此文本文件占用内存空间较多,而且输入输出时需要花费转换时间(二进制形式与 ASCII 码间的转换)。文本文件可以用"记事本"程序进行查看和编辑。

例如,short int 类型数值 32767,用二进制文件存放需要 2 个字节,即十进制数 32767 对应的二进制数 0111111111111111;用文本文件存放需要 5 个字节,即'3'、'2'、'7'、'6'、'7'五个字符对应的 ASCII 码值。两个文件类型的存储形式如图 10-1 所示。

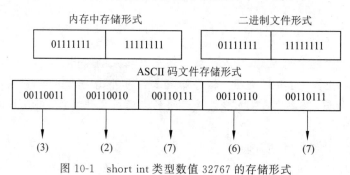

图 10-1 short int 类型数值 32767 的存储形式

10.1.3 缓冲文件系统

应用程序在访问文件时,因为存取磁盘数据和内存数据的速度是不同的,为了提高文件存取访问效率,ANSI C 标准规定 C 程序采用缓冲文件系统方式处理文件。

对于缓冲文件系统,在操作文件时,操作系统自动为每一个文件分配一个内存缓冲区,作为程序与文件间交换数据的中间媒介。如图 10-2 所示,读文件时,从磁盘文件将数据先读入内存缓冲区,读满后再从内存缓冲区读入至程序数据区;写文件时,先将数据写入内存缓冲区,待内存缓冲区写满后再写入磁盘文件。缓冲文件系统规定,磁盘文件与内存缓冲区之间的交互由操作系统自动完成,C 程序与内存缓冲区间的交互由程序控制完成。

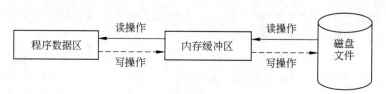

图 10-2 缓冲文件系统示意图

10.1.4 文件指针

C 语言使用缓冲文件系统处理文件,而文件缓冲区是由系统自动分配的,并不像数组那样可以通过数组名和下标来准确定位,为此需要利用文件指针来指向文件缓冲区,通过移动指针实现对文件的操作。

定义文件类型指针的一般格式如下:

```
FILE  * 变量名;
```

如:

```
FILE * fp;                              /*定义一个指向文件的指针变量fp*/
```

C 语言在标准库 stdio.h 头文件中定义了 FILE 结构体类型。FILE 类型的成员较多,包含了如文件状态、数据缓冲区的位置、文件读写的当前位置等文件相关信息。文件结构体类型声明如下:

```
typedef struct
{
    short level;                    /*缓冲区"满"或"空"的程度*/
    unsigned flags;                 /*文件状态标志*/
    char fd;                        /*文件描述符*/
    unsigned char hold;             /*如缓冲区无内容不读取字符*/
    short bsize;                    /*缓冲区的大小*/
    unsigned char * buffer;         /*数据缓冲区的位置*/
    unsigned char * curp;           /*指针当前的指向*/
    unsigned istemp;                /*临时文件指示器*/
    shor token;                     /*用于有效性检查*/
}FILE;
```

在缓冲文件系统中,文件指针是一个重要概念。对文件的操作是通过指向该文件的指针变量(简称文件指针)进行的。为此,C 语言要求,对一个文件进行处理时,需要首先定义文件指针,对文件的打开、关闭、读写等操作均通过文件指针来实现。

10.1.5 文件的操作顺序

因为 C 语言采用缓冲文件系统处理文件,所以需要遵循严格的文件操作顺序。文件在进行读写操作之前必须先要打开,使用完毕后要关闭。所谓打开文件,实际上就是请求操作系统分配文件缓冲区,并将文件指针指向缓冲区,以便对文件进行后续操作。关闭文件则是断开文件指针与缓冲区之间的联系,并且释放文件缓冲区。文件的操作顺序如下:

(1) 定义文件指针。
(2) 打开文件。
(3) 读写文件。
(4) 关闭文件。

10.2 文件操作

文件的基本操作包括文件的打开、关闭和读写等。在 C 语言中,文件操作都是通过调用标准库函数来实现的。本节主要介绍文件的打开/关闭函数、文件读/写函数和文件定位函数,上述函数的函数原型均已在 stdio.h 头文件中声明。

10.2.1 文件的打开和关闭

1. 文件的打开

使用文件前必须先打开文件。文件的打开通过 fopen 函数实现,函数调用的一般形式为:

文件指针=fopen(文件名,文件使用方式);

说明:

(1) 文件指针必须是 FILE 类型的指针变量。

(2) 文件名可以是字符串常量或字符数组名等;文件名一般应指定文件路径,如果不注明文件路径,则默认与当前应用程序所在路径相同。

(3) 文件使用方式是一个字符串常量,表明打开文件的目的,也就是对文件将要进行什么操作。表 10-1 给出了常用的文件使用方式及其含义。

表 10-1 文件使用方式的符号和含义

文件使用方式	含 义
"r"	以只读方式打开一个已存在的文本文件;若文件不存在,则返回 NULL
"w"	以只写方式新建一个文本文件;若文件已存在则其内容被删除
"a"	以追加(只写)方式打开一个文本文件;如文件不存在则创建一个新文件,若文件已存在则保留原文件内容,数据追加到文件末尾
"r+"	以读写方式打开一个已存在的文本文件;若文件不存在,则返回 NULL
"w+"	以读写方式新建一个文本文件;若文件已存在则其内容被删除
"a+"	以读写方式打开一个文本文件;如文件不存在则创建一个新文件,若文件已存在则保留原文件内容,数据追加到文件末尾
"rb"	以只读方式打开一个已存在的二进制文件;若文件不存在,则返回 NULL
"wb"	以只写方式新建一个二进制文件;若文件已存在则其内容被删除
"ab"	以追加(只写)方式打开一个二进制文件;如文件不存在则创建一个新文件,若文件已存在则保留原文件内容,数据追加到文件末尾
"rb+"	以读写方式打开一个已存在的二进制文件;若文件不存在,则返回 NULL
"wb+"	以读写方式新建一个二进制文件;若文件已存在则其内容被删除
"ab+"	以读写方式打开一个二进制文件;如文件不存在则创建一个新文件,若文件已存在则保留原文件内容,数据追加到文件末尾

(4) 该函数有返回值,若打开文件成功,函数的返回值为包含文件缓冲区等信息的 FILE 类型指针,打开失败则返回 NULL。

例如:

```
FILE *fp;
fp=fopen("c:\\a.txt","r");
```

上面示例程序段的含义是:以"只读"方式打开 C 盘根目录下的文本文件 a.txt,并使文件指针 fp 指向该文件。为了表示实际路径中的单个字符"\",需要在字符串中使用转义字符即两个反斜线"\\"。如果 fopen 函数返回 NULL,表明文件打开失败。通常打开失败主要有以下三个原因:

(1) 文件 a.txt 不存在。
(2) 文件路径错误。例如,文件 a.txt 不在 C 盘根目录下。
(3) 文件已被别的程序打开。

因此,为了保证文件操作的可靠性,调用 fopen 函数时最好做一个返回值的条件判断,以确保文件正常打开。一般判断形式如下:

```
if ((fp=fopen("c:\\a.txt", "r"))==NULL)
{
    printf("Failed to open file!\n");
    exit(0);
}
```

其中,exit(0)是系统标准函数,作用是关闭所打开的文件,并终止程序的运行。参数 0 表示程序正常结束,非 0 表示程序不正常结束。exit 函数原型已在 stdlib.h 头文件中声明。

2. 文件的关闭

文件操作完毕后,应及时调用 fclose 函数关闭它。前面已经介绍过,对于缓冲文件系统来说,程序与磁盘文件间的数据交换是通过缓冲区进行的。因此,关闭文件是确保写文件顺利完成的关键步骤,读者在编写程序时应养成文件使用后关闭文件的习惯。

函数调用的一般形式为:

```
fclose(文件指针);
```

说明:该函数将返回一个整数,若文件正常关闭则返回值为 0,否则返回非 0 值。

10.2.2 文件的读/写

当文件按指定的使用方式打开后,就可以对文件进行读写了。C 语言提供了四种文件读写函数:

- 字符读写函数:fgetc()和 fputc()。
- 字符串读写函数:fgets()和 fputs()。
- 格式化读写函数:fscanf()和 fprintf()。
- 数据块读写函数:fread()和 fwrite()。

其中,字符读写函数、字符串读写函数和格式化读写函数主要适用于处理文本文件(ASCII 码文件),数据块读写函数多用于处理二进制文件。下面分别介绍四种读写函数。

1. 字符读写函数 fgetc()和 fputc()

1) fgetc 函数原型

```
int fgetc(FILE * fp);
```

其中,fp 是文件指针。fgetc 函数的功能是:从文件指针 fp 所指向的文件中读取一个字符,并将文件指针 fp 向后移动一个字节,指向下一个将要被读取的字符。若字符读取成功,则函数返回该字符,若读到文件末尾或读取失败则函数返回文件结束标志 EOF(EOF 是一个符号常量,在 stido.h 头文件中已声明其值为−1)。

另外,C 标准库提供了文件结束检测函数 feof(),其函数原型是:

```
int feof(FILE * fp);
```

其中,当文件指针 fp 指向文件结束标志 EOF 时,函数返回非 0 值,否则返回 0。在文件操作过程中,通常使用!feof(fp)作为循环条件,判断文件是否已到结尾。若文件未结束,则!feof(fp)的值是真,继续循环读入下一个字符;否则!feof(fp)的值为假,文件已读到结尾,终止执行用来读入字符的循环体语句。

2) fputc 函数原型

```
int fputc(char ch,FILE * fp);
```

其中,ch 为需要写入的字符常量或字符变量。fputc 函数的功能是将字符 ch 写入文件指针 fp 所指向的文件中去。若写入错误则返回 EOF,否则返回字符 ch。

【例 10-1】 将素材文件 file1.txt 中的内容复制到文件 file2.txt 中。

分析:

(1) 制作备份文件,本质上是将源文件中的内容写入到新文件中。

(2) 源文件 file1.txt 应以只读方式打开,目标文件 file2.txt 要以只写方式打开。

(3) 利用字符读写函数从源文件 file1.txt 中读取字符,赋值给字符变量 ch,再将变量 ch 写入到目标文件 file2.txt 中。

源程序

```
#include<stdio.h>
#include<stdlib.h>
int main()
{
    FILE * fp1, * fp2;
    char ch;
    if((fp1=fopen("d:\\file1.txt","r"))==NULL)      /* 判断文件 file1 是否打开成功 */
    {
        printf("Failed to open file1.txt!\n");
        exit(0);
    }
    if((fp2=fopen("d:\\file2.txt","w"))==NULL)      /* 判断新建文件 file2.txt 是否打
                                                       开成功 */
    {
        printf("Failed to create file2.txt!\n");
        exit(0);
    }
    while(!feof(fp1))                               /* 判断文件是否结束 */
    {
```

```
        ch=fgetc(fp1);                /*读取 file1.txt 中的内容*/
        fputc(ch,fp2);                /*将读取到的内容写入 file2.txt*/
    }
    fclose(fp1);                      /*关闭文件 file1.txt*/
    fclose(fp2);                      /*关闭文件 file2.txt*/
    return 0;
}
```

运行程序后,D 盘根目录下新建了文本文件 file2,用记事本程序可以对比查看 file1 与 file2 两个文件中的内容是完全相同的。

【例 10-2】 将 26 个英文大写字母写入文件 abc.txt,然后从文件中读出并显示到屏幕上。

例 10-2

分析:

(1) 利用循环方式写入 26 个英文字母。循环变量 i 初值为 0,终值为 25,利用表达式'A' +i 可以循环写入 26 个英文大写字母。

(2) 从文件中读取的字符,若要显示到屏幕上,也需要借助字符变量 ch,通过 putchar 函数输出到屏幕上。

源程序

```
#include<stdio.h>
#include<stdlib.h>
int main()
{
    FILE * fp;
    char ch;
    int i;
    if((fp=fopen("d:\\abc.txt","w"))==NULL)    /*以只写方式打开文件*/
    {
        printf("Failed to open abc.txt!\n");
        exit(0);
    }
    for(i=0;i<=25;i++)
        fputc('A'+i,fp);                        /*将 26 个大写字母逐个写入文件*/
    fclose(fp);
    if((fp=fopen("d:\\abc.txt","r"))==NULL)    /*以只读方式再次打开文件*/
    {
        printf("Failed to open abc.txt!\n");
        exit(0);
    }
    while(!feof(fp))                            /*判断文件是否结束*/
    {
        ch=fgetc(fp);                           /*读取文件中的内容*/
        putchar(ch);                            /*显示到屏幕上*/
    }
    fclose(fp);
```

```
        return 0;
}
```

运行结果：

```
ABCDEFGHIJKLMNOPQRSTUVWXYZ
```

运行程序后，文件 abc.txt 中存储的内容如图 10-3 所示。

图 10-3　例 10-2 文件内容

2. 字符串读写函数 fgets()和 fputs()

1）fgets 函数原型

```
char * fgets(char * str,int num,FILE * fp);
```

其中，str 可以是字符数组名或字符指针，num 是指定读入的字符个数。fgets 函数的功能是从文件指针 fp 所指向的文件中，最多读取 num－1 个字符，并添加字符串结束标记'\0'，存入 str 所指向的字符串内。该函数如果执行成功，返回值为字符指针 str，否则返回 NULL。

注意：当读到回车换行符或文件结束标志 EOF 时，无论是否读够 num－1 个字符，fgets 函数都停止读取。

2）fputs 函数原型

```
int fputs(char * str,FILE * fp);
```

其中，str 可以是字符数组名或字符指针，fp 是文件指针。fputs 函数的功能是向文件指针 fp 所指向的文件中写入 str 所指向的字符串内。该函数如果执行成功，则返回一个非负数，否则返回 EOF。

【例 10-3】　从键盘输入唐代诗人王之涣的《登鹳雀楼》，保存在 poem.txt 文件中。

分析：

（1）从键盘输入的 4 行诗（每行 5 个汉字），先存储在二维数组 poem 中，再写入到文件中。

（2）因为每个汉字占两个字节，且每行诗句以字符串形式输入，所以二维数组的宽度是 11。

（3）二维数组中的每行诗句都作为一个字符串写入到文件中，每行再写入一个"\n"用以实现换行。

源程序

```
#include<stdio.h>
#include<stdlib.h>
int main()
{
    FILE * fp;
    int i;
    char poem[4][11];                        /* 4 行诗,每句 5 个汉字 */
    if((fp=fopen("d:\\poem.txt","w"))==NULL) /* 新建 poem.txt 文件 */
    {
        printf("Failed to open poem.txt!\n");
        exit(0);
    }
    for(i=0;i<=3;i++)                        /* 循环写入 4 行诗 */
    {
        scanf("%s",poem[i]);                 /* 从键盘输入一行诗 */
        fputs(poem[i],fp);                   /* 将一行诗写入文件 */
        fputc('\n',fp);                      /* 每行诗末尾换行 */
    }
    fclose(fp);
    return 0;
}
```

运行程序后,文件 poem.txt 中存储的内容如图 10-4 所示。

图 10-4　例 10-3 文件内容

【例 10-4】 将例 10-3 中输入的唐诗《登鹳雀楼》显示到屏幕上。

源程序

```
#include<stdio.h>
#include<stdlib.h>
int main()
{
    FILE * fp;
    int i;
    char poem[4][11];
    if((fp=fopen("d:\\poem.txt","r"))==NULL)
```

```
        {
            printf("Failed to open poem.txt!\n");
            exit(0);
        }
        for(i=0;i<=3;i++)                       /*循环读取4行诗*/
        {
            fgets(poem[i],12,fp);               /*读取一行诗*/
            printf("%s",poem[i]);               /*显示到屏幕上*/
        }
        fclose(fp);
        return 0;
    }
```

运行结果：

```
白日依山尽
黄河入海流
欲穷千里目
更上一层楼
```

3. 格式化读写函数 fscanf()和 fprintf()

fscanf 函数和 fprintf 函数原型分别是：

```
int fscanf(FILE * fp,char * format,…);
int fprintf(FILE * fp,char * format,…);
```

其中，两个函数的第 2 个参数为格式控制字符串，第 3 个参数分别为读取数据地址列表和写入数据列表。两个函数的后两个参数和函数返回值与 scanf 函数、printf 函数用法相同。fscanf 函数的功能是按照指定格式从文件中读取数据。fprintf 函数的功能是按照指定格式向文件写入数据。

用 fscanf 函数和 fprintf 函数对磁盘文件进行读写的优点是方便，容易理解；缺点是运行速度慢，读取数据时要将 ASCII 码字符转换为二进制数，写入数据时又要将二进制数转化成 ASCII 码字符。如果磁盘文件与内存之间需要频繁交换数据，使用 fscanf 函数和 fprintf 函数会导致程序运行耗时多且效率低，这种情况下最好采用后面即将介绍的 fread 函数和 fwrite 函数。

例 10-5

【例 10-5】 从键盘输入 5 个学生的数据（姓名、两门课成绩），保存到文件 score.txt 中。

分析：采用结构体数组存储 5 个学生的成绩信息，结构体类型的两个成员分别用字符数组存储学生姓名，用整型数组存储学生成绩。针对两种不同类型的成员信息，使用格式化输入函数 fprintf 写入文件。

源程序

```
#include<stdio.h>
#include<stdlib.h>
struct student                                  /*定义结构体类型*/
```

```
{
    char name[10];
    int score[2];
};
int main()
{
    FILE * fp;
    int i;
    struct student s[5];                    /*定义结构体数组*/
    if((fp=fopen("d:\\score.txt","w"))==NULL)
    {
        printf("Failed to open score.txt!\n");
        exit(0);
    }
    for(i=0;i<5;i++)                        /*循环写入5个学生的数据*/
    {
        printf("input student %d:",i+1);
        scanf("%s%d%d",s[i].name,&s[i].score[0],&s[i].score[1]);
                                            /*从键盘输入1个学生的数据*/
        fprintf(fp,"%10s %d %d\n",s[i].name,s[i].score[0],s[i].score[1]);
                                            /*将1个学生的数据写入文件*/
    }
    fclose(fp);
    return 0;
}
```

运行程序后输入：

```
input student 1:张明 95 88↙
input student 2:丽丽 78 65↙
input student 3:王鹏 100 79↙
input student 4:刘华 70 60↙
input student 5:孙颖 90 80↙
```

运行程序后，文件 score.txt 中存储的内容如图 10-5 所示。

图 10-5　例 10-5 文件内容

【例 10-6】 计算例 10-5 文件 score.txt 中五个学生平均成绩,并输出到屏幕上。
源程序

```
#include<stdio.h>
#include<stdlib.h>
struct student
{
    char name[10];
    int score[2];
};
int main()
{
    FILE * fp;
    int i;
    struct student s[5];
    if((fp=fopen("d:\\score.txt","r"))==NULL)
    {
        printf("Failed to open score.txt!\n");
        exit(0);
    }
    for(i=0;i<5;i++)                        /*循环读取 5 个学生的数据*/
    {
        fscanf(fp,"%10s%d%d",s[i].name,&s[i].score[0],&s[i].score[1]);
                                            /*读取第 i 个学生的数据*/
        printf("%s%4d%4d%10.2f\n",s[i].name,s[i].score[0],s[i].score[1], s[i].
        (score[0]+s[i].score[1])/2.0);      /*计算并输出 1 个学生的平均分*/
    }
    fclose(fp);
    return 0;
}
```

运行结果:

张明	95	88	91.50
丽丽	78	65	71.50
王鹏	100	79	89.50
刘华	70	60	65.00
孙颖	90	80	85.00

4. 数据块读写函数 fread()和 fwrite()

fread 函数和 fwrite 函数原型分别是:

int fread(char * buf,int size,int n,FILE * fp);
int fwrite(char * buf,int size,int n,FILE * fp);

其中,两个函数的第 1 个参数 buf 是待读取数据块或待写入数据块的起始地址;第 2 个参数 size 是每个数据块的大小,即数据块的字节数;第 3 个参数是最多允许读取或写入的数据块个数,第 4 个参数 fp 是文件指针。fread 函数的功能是,从 fp 所指向的文件中读取数据块并存储到 buf 为首地址的内存中。fwrite 函数的功能是,将以 buf 为首地址的内存中的数据块写入 fp 所指向的文件中。函数的返回值是实际读取或写入的数据块个数。

【例 10-7】 从键盘输入 5 个学生(姓名、两门课成绩)的数据,保存为二进制文件 score.dat;再从该文件中读取学生信息,显示到屏幕上。

源程序

例 10-7

```c
#include<stdio.h>
#include<stdlib.h>
struct student
{
    char name[10];
    int score[2];
};
int main()
{
    FILE * fp;
    int i;
    struct student s[5];
    if((fp=fopen("d:\\score.dat","wb"))==NULL)      /* 以二进制只写方式打开文件 */
    {
        printf("Failed to open score.dat!\n");
        exit(0);
    }
    printf("Input student records:\n");
    for(i=0;i<5;i++)
    {
        scanf("%s%d%d",s[i].name,&s[i].score[0],&s[i].score[1]);
        fwrite(&s[i],sizeof(struct student),1,fp);   /* 成块写入文件 */
    }
    fclose(fp);
    if((fp=fopen("d:\\score.dat","rb"))==NULL)
    {
        printf("Failed to open score.dat!\n");
        exit(0);
    }
    printf("Output from file score.dat:\n");
    fread(s,sizeof(struct student),5,fp);             /* 一次读出 5 个学生数据 */
    for(i=0;i<5;i++)
        printf("%s %d %d\n",s[i].name,s[i].score[0],s[i].score[1]);
    fclose(fp);
    return 0;
}
```

运行结果:

```
Input student records:
张明 95 88↙
丽丽 78 65↙
王鹏 100 79↙
刘华 70 60↙
孙颖 90 80↙
Output from file score.dat:
张明 95 88
丽丽 78 65
王鹏 100 79
刘华 70 60
孙颖 90 80
```

10.2.3 文件的定位与随机读/写

前面介绍的对文件的读写方式都是顺序读写,即读写文件只能从头开始,顺序读写各个数据。但在实际问题中常要求只读写文件中某一指定的部分,如果能够将位置指针按照需要移动到任意位置,就可以实现随机读写。

C 程序对文件的访问方式有两种:顺序访问和随机访问。顺序访问文件时,数据项是一个接着一个顺序进行读取或写入的。例如,想读取文件中第 10 个数据项,必须先读取完前 9 个数据项才能读取第 10 个数据项。因为文件指针是自动后移的,不受程序代码控制。随机访问文件时,需要强制移动文件指针来指向特定的位置。移动文件指针的函数主要有两个,即 fseek 函数和 rewind 函数。fseek 函数一般用于二进制文件,因为文本文件要进行字符转换,计算位置时会发生混乱。

1. fseek 函数原型

int fseek(FILE * fp,long d,int pos);

其中,fp 是文件指针,d 是位移量,pos 是起始点。

pos 的取值为:

0:文件开始处。

1:文件的当前位置。

2:文件的尾部。

位移量 d 是 long 类型数据,可以为正或负值,表示从起始点向下或向上的指针移动。函数的返回值若操作成功为 0,操作失败为非零。

例如:

fseek(fp,5,0):将文件指针从文件头向下移动 5 个字节。

fseek(fp,−10,1):将文件指针从当前位置向上移动 10 个字节。

2. rewind 函数原型

```
void rewind(FILE * fp);
```

rewind 函数强制将文件指针 fp 移动到文件开始，rewind 函数没有返回值。

在移动文件指针之后，即可使用前面介绍的任何一种读写函数进行读写。由于一般是读写一个数据块，因此常用 fread 函数和 fwrite 函数。

【例 10-8】 从键盘上输入 5 个职工的数据并存储到在文件 work.dat 中。每个职工的数据包括姓名、年龄、工资；从文件中读取存放在第 1 名和最后 1 名的职工数据并输出到屏幕上。

源程序

```c
#include<stdio.h>
#include<stdilib.h>
struct worker
{
    char name[10];
    int age;
    float salary;
}w[5],temp;
int main()
{
    FILE * fp;
    int i;
    if((fp=fopen("d:\\work.dat","wb+"))==NULL)
    {
        printf("Failed to open work.dat!\n");
        exit(0);
    }
    for(i=0;i<5;i++)                          /* 循环写入 5 名职工数据 */
    {
        scanf("%s%d%f",w[i].name,&w[i].age,&w[i].salary);
        fwrite(&w[i],sizeof(struct worker),1,fp);
    }
    rewind(fp);                               /* 移动文件指针到文件头 */
    fread(&temp,sizeof(struct worker),1,fp);  /* 读取第 1 名职工数据 */
    printf("first:name:%s,age:%d,salary:%.1f\n",temp.name,temp.age,temp.salary);
    fseek(fp,(-1) * sizeof(struct worker),2); /* 从文件末尾向前移动文件指针 */
    fread(&temp,sizeof(struct worker),1,fp);  /* 读取最后 1 名职工数据 */
    printf("end:name:%s,age:%d,salary:%.1f\n",temp.name,temp.age,temp.salary);
    fclose(fp);
    return 0;
}
```

运行结果：

```
王丽 23 3000
李霞 45 4500
张鹏 39 4000
孙颖 55 5500
高明 29 3500
first:name:王丽,age:23,salary:3000.0
end:name:高明,age:29,salary:3500.0
```

10.3 文件应用综合实例

利用所学数据文件知识,设计一综合实例:学生成绩管理系统。该系统中的学生信息包括学号、姓名、8门课成绩(课程分别为:大学计算机、大学化学、大学物理、高等数学、外语、线性代数、C语言、马克思主义原理)。该系统能够完成如下功能:

(1) 新建学生成绩数据文件,输入班级学生成绩保存到文件中。

(2) 统计:

① 学生的总分及平均分;

② 课程的平均分。

(3) 排序:按学号从高到低排序学生数据。

(4) 查找:输入一个学号或姓名,输出对应学生的学号、姓名、班级名次、各科成绩及平均成绩。

(5) 实现学生信息的维护功能,包括新增学生、学生删除(留级或退学)或修改学生信息。

学生成绩管理系统功能结构如图10-6所示。

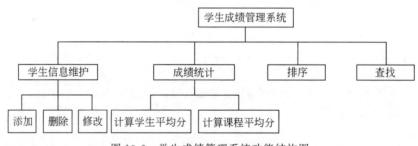

图 10-6　学生成绩管理系统功能结构图

部分源程序如下所示:

```
#include<stdio.h>
#include<unistd.h>          /*声明access函数的头文件*/
#include<stdlib.h>
#include<string.h>
#define N 100               /*最多学生人数*/
#define M 8                 /*课程门数*/
struct student
```

```c
{
    char no[10];
    char name[20];
    float score[M];
}stu[N];
int num=0;                      /*实际学生人数*/
void init();                    /*系统初始化*/
void newfile();                 /*创建数据文件*/
void read();                    /*读取学生信息*/
void output();                  /*输出学生信息*/
void preserve();                /*学生信息维护*/
void search();                  /*查找*/
void sort();                    /*排序*/
void save();                    /*保存并退出系统*/
void init()
{
    if(access("d:\\stu.dat",0))
                                /*判断学生成绩文件是否存在,函数原型包含在头文件"unistd.h"中*/
        newfile();              /*文件不存则创建新数据文件*/
    else
        read();                 /*若文件存在,则从文件中读取学生信息*/
}
void newfile()
{
    int i,j;
    FILE *fp;
    if((fp=fopen("d:\\stu.dat","wb"))==NULL)
    {
        printf("文件创建失败!请重新运行程序。\n");
        exit(0);
    }
    printf("请输入学生人数:");
    scanf("%d",&num);
    getchar();                  /*吃掉回车符*/
    for(i=0;i<num;i++)
    {
        printf("请输入第%d学生的学号:",i+1);
        gets(stu[i].no);
        printf("姓名:");
        gets(stu[i].name);
        for(j=0;j<M;j++)
        {
            printf("第%d成绩:",j+1);
            scanf("%f",&stu[i].score[j]);
        }
```

```c
            getchar();
        }
        for(i=0;i<num;i++)
            fwrite(&stu[i],1,sizeof(struct student),fp);
        fclose(fp);
        printf("你刚才输入的数据共有%d个学生成绩。详细数据为：\n",num);
        output();
    }
    void read()
    {
        FILE *fp;
        num=0;
        fp=fopen("d:\\stu.dat","rb");
        if(fp==NULL)
        {
            printf("文件打开失败!请重新运行程序。\n");
            exit(0);
        }
        while(!feof(fp))
        {
            fread(&stu[num],1,sizeof(struct student),fp);
            num++;
        }
        fclose(fp);
        printf("现在共有%d个学生成绩,初始数据为：\n",num--);
        output();
    }
    void save()
    {
        int i;
        FILE *fp;
        if((fp=fopen("stu.dat","wb"))==NULL)
        {
            printf("文件创建失败!请重新运行程序。\n");
            exit(0);
        }
        for(i=0;i<num;i++)
            fwrite(&stu[i],1,sizeof(struct student),fp);
        fclose(fp);
    }
    int main()
    {
        int choice=1;
        printf("欢迎使用本系统!!!\n");
        input();
```

```
    while(choice!=5)
    {
        printf("            *********************************\n");
        printf("            *          主菜单                *\n");
        printf("            *      1:学生信息维护            *\n");
        printf("            *      2:学生成绩统计            *\n");
        printf("            *      3:学生信息排序            *\n");
        printf("            *      4:学生信息查找            *\n");
        printf("            *      5:保存学生信息并退出      *\n");
        printf("            *********************************\n");
        printf("            请选择: ");
        scanf("%d",&choice);
        getchar();
        switch(choice)
        {
            case 1:
                preserve();    /*学生信息维护功能由读者自行设计编写*/
                break;
            case 2:
                statistics();/*学生成绩统计功能由读者自行设计编写*/
                break;
            case 3:
                sort();        /*学生信息排序功能由读者自行设计编写*/
                break;
            case 4:
                search();      /*学生信息查找功能由读者自行设计编写*/
                break;
            case 5:
                save();
                printf("谢谢使用本系统!\n");
                break;
            default:
                printf("选择错误,请重新选择!\n");
        }
    }
    return 0;
}
```

习题

一、单项选择题

(1) C语言中的文件类型只有(   )。

A. 索引文件和文本文件两种　　　　　　B. 二进制文件一种
C. 文本文件一种　　　　　　　　　　　D. ASCII 文件和二进制文件两种

(2) 应用缓冲文件系统对文件进行读写操作,打开文件的函数名为(　　)。
A. open　　　　B. fopen　　　　C. close　　　　D. fclose

(3) 应用缓冲文件系统对文件进行读写操作,关闭文件的函数名为(　　)。
A. fclose　　　　B. close　　　　C. fread　　　　D. fwrite

(4) 打开文件时,方式"w"决定了对文件进行的操作是(　　)。
A. 只写　　　　B. 只读　　　　C. 可读可写　　　　D. 追加写

(5) 若以"a"方式打开一个已存在的文件,则以下叙述正确的是(　　)。
A. 文件打开时,原有文件内容不被删除,位置指针移到文件末尾,可作添加和读操作
B. 文件打开时,原有文件内容不被删除,位置指针移到文件开头,可作重写和读操作
C. 文件打开时,原有文件内容被删除,只可作写操作
D. 以上各种说法皆不正确

(6) 若 fp 已正确定义并指向某个文件,当未遇到该文件结束标志时函数 feof(fp) 的值为(　　)。
A. 0　　　　B. 1　　　　C. -1　　　　D. 一个非 0 值

二、程序设计题

(1) 在 D 盘根目录下创建一个名为 abc.txt 的数据文件,要求在该文件中写入 26 个英文小写字母。

(2) 打开由上题所创建的数据文件 abc.txt,将文件中的内容按照每行 5 个字母的格式显示到屏幕上。

(3) 在 D 盘根目录下建立文本文件 poem.txt,从键盘输入任意一首古诗,每输入一句必须回车换行,最后以@作为结束输入标记。将诗句写入到文本文件 poem.txt 中去。

(4) 从键盘上分别输入每个学生的原始记录(包括学号、数学成绩、物理成绩和语文成绩,见表 10-2),计算出每个学生的总成绩,然后按照格式化写文件的要求,把完整的信息保存到一个名为 score.txt 的文本文件中去。

表 10-2　学生成绩信息表

学　号	数　学	物　理	语　文	总　成　绩
08220101	70	85	60	
08220102	91	65	78	
08220103	100	95	55	
08220104	83	88	96	

标准字符与ASCII码对照表

DEC	HEX	CHAR	控制码	转义	DEC	HEX	CHAR	控制码	转义
0	00		NUL	('\0')	27	1B		ESC	
1	01	☺	SOH		28	1C		FS	
2	02	☻	STX		29	1D		GS	
3	03	♥	ETX		30	1E		RS	
4	04	♦	EOT		31	1F		US	
5	05	♣	ENQ		32	20	(space)		
6	06	♠	ACK		33	21	!		
7	07		BEL	('\a')	34	22	"		
8	08		BS	('\b')	35	23	#		
9	09		HT	('\t')	36	24	$		
10	0A		LF	('\n')	37	25	%		
11	0B		VT	('\v')	38	26	&		
12	0C		FF	('\f')	39	27	'		
13	0D		CR	('\r')	40	28	(		
14	0E		SO		41	29	)		
15	0F		SI		42	2A	*		
16	10		DLE		43	2B	+		
17	11		DC1		44	2C	,		
18	12		DC2		45	2D	—		
19	13		DC3		46	2E	.		
20	14		DC4		47	2F	/		
21	15		NAK		48	30	0		
22	16		SYN		49	31	1		
23	17		ETB		50	32	2		
24	18		CAN		51	33	3		
25	19		EM		52	34	4		
26	1A		SUB		53	35	5		

续表

DEC	HEX	CHAR	控制码	转义	DEC	HEX	CHAR	控制码	转义
54	36	6			91	5B	[		
55	37	7			92	5C	\		('\\')
56	38	8			93	5D	]		
57	39	9			94	5E	^		
58	3A	:			95	5F	_		
59	3B	;			96	60	`		
60	3C	<			97	61	a		
61	3D	=			98	62	b		
62	3E	>			99	63	c		
63	3F	?			100	64	d		
64	40	@			101	65	e		
65	41	A			102	66	f		
66	42	B			103	67	g		
67	43	C			104	68	h		
68	44	D			105	69	i		
69	45	E			106	6A	j		
70	46	F			107	6B	k		
71	47	G			108	6C	l		
72	48	H			109	6D	m		
73	49	I			110	6E	n		
74	4A	J			111	6F	o		
75	4B	K			112	70	p		
76	4C	L			113	71	q		
77	4D	M			114	72	r		
78	4E	N			115	73	s		
79	4F	O			116	74	t		
80	50	P			117	75	u		
81	51	Q			118	76	v		
82	52	R			119	77	w		
83	53	S			120	78	x		
84	54	T			121	79	y		
85	55	U			122	7A	z		
86	56	V			123	7B	{		
87	57	W			124	7C	|		
88	58	X			125	7D	}		
89	59	Y			126	7E	~		
90	5A	Z			127	7F		DEL	

附录 B 运算符的优先级和结合性

运算符	含义	运算对象个数	优先级	结合性
( )	圆括号,最高优先级		1（优先级最高）	自左向右
[ ]	下标运算符			
->	指向结构体成员运算符			
.	结构成员运算符			
!	逻辑非	1（单目运算符）	2	自右向左
~	按位取非			
++、--	自增1、自减1			
&、*	地址、指针运算符			
+、-	取正、取负运算符			
(type)	强制类型转换运算符			
sizeof( )	求长度运算符			
*、/、%	乘、除、求余运算符	2（双目运算符）	3	自左向右
+、-	加、减运算符		4	
<<、>>	左移、右移运算符		5	
<、<=、>、>=	小于、小于等于、大于、大于等于		6	
==、!=	等于、不等于		7	
&	按位与		8	
^	按位异或		9	
|	按位或		10	
&&	逻辑与		11	
||	逻辑或		12	

续表

运 算 符	含 义	运算对象个数	优先级	结合性
?:	条件运算符	3(三目运算符)	13	
=	赋值运算符			
+=、-=、*=、/=				自右向左
%=	各种复合赋值运算符	2(双目运算符)	14	
&=、^=、|=				
<<=、>>=				
,	逗号运算符		15	自左向右

说明:

(1) 同一优先级的运算符优先级别相同,运算次序由结合方向决定。例如"*"与"/"具有相同的优先级别,其结合方向为自左至右,因此 5*6/10 的运算次序是先乘后除。"-"和"++"为同一优先级,结合方向为自右至左,因此当-i++相当于-(i++)。

(2) 不同的运算符要求有不同的运算符对象个数,如"+"和"-"为双目运算符,要求在运算符两侧各有一个运算对象(如 5+6、9-6 等)。而"++"和"-"(负号)是单目运算符,只能在运算符的一侧出现一个运算对象(如-b、i++、--j、(float)i、sizeof、*p 等)。条件运算符是 C 语言中唯一的一个三目运算符,如 x?a:b。

附录 C C常用库函数

库函数并不是C语言的一部分，它是由人们根据需要编制并提供用户使用的。每一种C编译系统都提供了一批库函数，不同的编译系统所提供的库函数的数目和函数名以及函数功能是不完全相同的。ANSI C标准提出了一批建议提供的库函数，目前大多数编译系统都支持这些标准库函数。由于C库函数种类繁多，限于篇幅，不能全部介绍，这里只把常用的库函数加以介绍。在编写C程序时若需要用到更多的库函数，请查阅所用系统的手册。

1. 数学函数

C语言中的数学函数见表C-1。使用数学函数时，应该在源文件中使用预处理命令：

#include<math.h>

或

#include "math.h"

表 C-1 数学函数

函数名	功　　能	函 数 原 型
abs	计算整数 x 的绝对值	int abs(int x)
acos	计算 arccos(x) 的值	double acos(double x)
asin	计算 arcsin(x) 的值	double asin(double x)
atan	计算 arctan(x) 的值	double atan(double x)
atan2	计算 arctan(y/x) 的值	double atan2(double y, double x)
cos	计算 cos (x) 的值	double cos(double x)
cosh	计算双曲余弦 cosh(x) 的值	double cosh(double x)
exp	计算 e^x 的值	double exp(double x)
fabs	计算双精度浮点数 x 的绝对值	double fabs(double x)
floor	求出不大于 x 的最大整数	double floor(double x)
fmod	计算 x/y 取整后的双精度余数	double fmod (double x, double y)
frexp	将 x 分解成尾数和指数	double frexp(double x, int * exponent)

续表

函数名	功　能	函　数　原　型
log	求对数函数 ln(x)(即 $\log_e x$)的值	double log(double x)
log10	求对数函数 $\log_{10} x$ 的值	double log10(double x)
modf	把 value 分为指数和尾数	double modf(double value, double * iptr)
pow	计算 x^y 的值	double pow(double x, double y)
sin	计算 sin(x)的值	double sin(double x)
sinh	计算 x 的双曲正弦函数 sinh(x)的值	double sinh(double x)
sqrt	计算$\sqrt{x}$	double sqrt(double x)
tan	计算 tan(x)的值	double tan(double x)
tanh	计算 x 的双曲正切函数 tanh(x)的值	double tanh(double x)

2. 字符函数和字符串函数

C 语言中的字符函数与字符串函数如表 C-2 所示。ANSI C 标准要求在使用字符串函数时要包含头文件 string.h,在使用字符函数时要包含头文件 ctype.h。

表 C-2　字符与字符串函数

函数名	功　能	函　数　原　型	头文件
isalnum	检查 ch 是否是字母(alpha)或数字(numeric)	int isalnum(int ch)	ctype.h
isalpha	检查 ch 是否是字母	int isalpha(int ch)	ctype.h
iscntrl	检查 ch 是否是控制字符(其 ASCII 码在 0 和 0x1f 之间)	int iscntrl(int ch)	ctype.h
isdigit	检查 ch 是否是数字(0~9)	int isdigit(int ch)	ctype.h
isgraph	检查 ch 是否为可打印字符(其 ASCII 码在 0x21 到 0x7E 之间),不包括空格	int isgraph(int ch)	ctype.h
islower	检查 ch 是否为小写字母(a~z)	int islower(int ch)	ctype.h
isprint	检查 ch 是否为可打印字符(包括空格)其 ASCII 码在 0x20 到 0x7E 之间	int isprint(int ch)	ctype.h
ispunct	检查 ch 是否为标点字符(不包括空格),即除字母、数字和空格以外的所有可打印字符	int ispunct(int ch)	ctype.h
isspace	检查 ch 是否为空格、跳格符(制表符)或换行符	int isspace(int ch)	ctype.h
isupper	检查 ch 是否为大写字母(A~Z)	int isupper(int ch)	ctype.h

续表

函数名	功　能	函数原型	头文件
isxdigit	检查 ch 是否为一个十六进制数字字符（即 0~9，或 A 到 F，或 a~f）	int isxdigit（int ch）	ctype.h
strcat	把字符串 str2 接到 str1 后面，str1 最后面的'\0'被取消	char * strcat（char * str1，char * str2）	string.h
strchr	找出 str 指向的字符中第一次出现符 ch 的位置	char * strchr（char * str1，int ch）	string.h
strcmp	比较两个字符串 str1、str2 的大小	int strcmp（char * str1，char * str2）	string.h
strcpy	把 str2 指向的字符串拷贝到 str1 所指向的内存中	char * strcpy（char * str1，char * str2）	string.h
strlen	统计字符串 str 中实际字符的个数（不包括终止符'\0'）	unsigned int strlen（char * str）	string.h
strstr	找出 str2 字符串在 str1 字符串中第一次出现的位置（不包括 str2 的结束符）	char * strstr（char * str1，char * str2）	string.h
tolower	将 ch 中的字母转换为小写字母	int tolower（int ch）	ctype.h
toupper	将 ch 中的字母转换成大写字母	int toupper（int ch）	ctype.h

3．输入输出函数

C 语言中的输入输出函数如表 C-3 所示。ANSI C 标准要求在使用输入输出函数时要包含头文件 stdio.h。

表 C-3　输入输出函数

函数名	功　能	函数原型
clearerr	清除与文件指针 fp 有关的所有出错信息	void clearerr(FILE * fp)
eof	检测文件是否结束	int eof(int * handle)
fclose	关闭 fp 所指的文件，释放文件缓冲区	int fclose(FILE * fp)
feof	检测文件是否结束	int feof(FILE * fp)
fgetc	从 fp 所指定的文件中读取一个字符	int fgetc(FILE * fp)
fgets	从 fp 所指定的文件中读取一个长度为(n-1)的字符串，存入起始地址为 buf 的存储空间	char * fgets(char * buf,int n, FILE * fp)
fopen	以 mode 指定的方式打开名为 filename 的文件	FILE * fopen(char * filename, char * mode)
fprintf	把 args,…的值以 format 指定的格式输出到 fp 所指定的文件中	int fprintf(FILE * fp, char * format,args,…)
fputc	将字符 ch 输出到 fp 指向的文件中	int fputc(char ch, FILE * fp)

续表

函数名	功　　能	函数原型
fputs	将 str 指向的字符串输出到 fp 所指定的文件	int fputs(char * str, FILE * fp)
fread	从 fp 所指定的文件中读取长度为 size 的 n 个数据项，存到 pt 所指向的内存区	int fread(char * pt, unsigned size, unsigned n, FILE * fp)
fscanf	从 fp 所指定的文件中按 format 给定的格式将输入数据送到 args,… 所指向的内存单元（args 是指针）	int fscanf(FILE * fp, char * format, args,…)
fseek	将 fp 所指向的文件的位置指针移到以 base 所指向的位置为基数、以 offset 为位移量的位置	int fseek (FILE * fp, long offset, int base)
ftell	返回 fp 所指向的文件中的读写位置	long ftell(FILE * fp)
fwrite	把 pt 所指向的 n * size 个字节写到 fp 所指向的文件中	int fwrite (char * pt, unsigned size, unsigned n, FILE * fp)
getc	从 fp 所指定的文件中读取一个字符	int getc(FILE * fp)
getchar	从标准输入设备读取一个字符	int getchar(void)
gets	从标准输入设备读入字符串，放到 str 指向的内存中，一直读到接收新行符或 EOF 时为止，新行符不作为读入串的内容，用'\0'替换读入的换行符	char * gets(char * str)
getw	从 fp 所指定的文件中读取一个字（整数）	int getw(FILE * fp)
printf	按 format 指向的格式字符串所规定的格式，将输出表列 args,… 的值输出到标准输出设备	int printf(char * format,args,…)
putc	把字符 ch 写到 fp 所指定的文件中	int putc(int ch, FILE * fp)
putchar	把字符 ch 输出到标准输出设备	int putchar(int ch)
puts	把 str 指向的字符串输出到标准输出设备，将'\0'转换为回车换行符	int puts(char * str)
putw	将整数 w 写到 fp 所指向的文件中	int putw(int w, FILE * fp)
rename	将由 oldname 所指向的文件名改为 newname 所指文件名	int rename(char * oldname, char * newname);
rewind	将文件指针重新指向文件开头位置，并清除文件结束标志和错误标志	int rewind(FILE * fp)
scanf	从标准输入设备按 format 指向的格式字符串所规定的格式输入数据给 args,… 所指向的单元中	int scanf(char * format,args,…)

4. 其他常用函数

表 C-4　其他常用函数

函数名	功　　能	函 数 原 型
access	用来判断用户是否具有以 mode 模式访问 filenames 文件的权限（判断文件是否存在）	int access(const char * filenames,int mode)
exit	程序终止执行,返回调用过程,state 为 0 正常终止,非 0 非正常终止	void exit(int state)
rand	产生 0~32767 间的随机整数	int rand(void)
srand	为函数 rand( )生成的伪随机数序列设置起点种子值	void srand(unsigned int seed)

参 考 文 献

[1] 苏小红,王宇颖等. C语言程序设计[M]. 3版. 北京:高等教育出版社,2019.
[2] 何钦铭,颜晖. C语言程序设计[M]. 3版. 北京:高等教育出版社,2015.
[3] K. N.King. C语言程序设计:现代方法[M]. 2版. 北京:人民邮电出版社,2010.
[4] 谭浩强. C程序设计[M]. 5版. 北京:清华大学出版社,2019.
[5] 教育部考试中心. 全国计算机等级考试二级教程——C语言程序设计(2020年版). 北京:高等教育出版社,2020.

图书资源支持

感谢您一直以来对清华版图书的支持和爱护。为了配合本书的使用,本书提供配套的资源,有需求的读者请扫描下方的"书圈"微信公众号二维码,在图书专区下载,也可以拨打电话或发送电子邮件咨询。

如果您在使用本书的过程中遇到了什么问题,或者有相关图书出版计划,也请您发邮件告诉我们,以便我们更好地为您服务。

我们的联系方式:

地　　址:北京市海淀区双清路学研大厦 A 座 714

邮　　编:100084

电　　话:010-83470236　　010-83470237

客服邮箱:2301891038@qq.com

QQ:2301891038(请写明您的单位和姓名)

资源下载:关注公众号"书圈"下载配套资源。

资源下载、样书申请

书 圈

获取最新书目

观看课程直播